职业教育国际水平专业教学标准
推荐教材 | 机电类专业

液压气动系统安装与调试

◎ 曹华 吴敏 主编

U0188570

上海科学技术出版社

国家一级出版社
全国百佳图书出版单位

内容提要

本教材以职业教育国际水平专业教学标准的先进理念为指导,以对接德国AHK考核标准为切入点,编写内容上参照德国职业培训规章和巴伐利亚州职业教育框架教学计划,根据"工作任务由简单到复杂,能力培养由单一到综合"的原则设计项目内容,并采用"工作页""信息页"灵活的组织形式,与企业合作共同编写而成。

本教材内容包括液压传动和气压传动两个模块,每个模块由5个项目组成。教材将企业的典型工作任务转化为学习内容,项目案例均来自企业典型真实案例,加强了学生创新能力的培养,并进一步提高了学生独立从事液压、气动相关工作的能力。教材中元器件的图形符号、回路以及系统原理图全部按照国家新发布的图形符号标准绘制。

本教材读者对象为中等职业学校机电类专业师生、高职机电专业有中德教育交流合作实践的师生,以及企业培训涉及中德机电专业教育交流的技术工人等。

图书在版编目(CIP)数据

液压气动系统安装与调试/曹华,吴敏主编.—上海:上海科学技术出版社,2016.1(2023.9重印)
职业教育国际水平专业教学标准推荐教材
ISBN 978-7-5478-2844-1

Ⅰ.①液… Ⅱ.①曹…②吴… Ⅲ.①液压装置-安装-中等专业学校-教材②液压装置-调试方法-中等专业学校-教材③气动设备-安装-中等专业学校-教材④气动设备-调试方法-中等专业学校-教材 Ⅳ.①TH137②TH138

中国版本图书馆CIP数据核字(2015)第252579号

液压气动系统安装与调试

曹华 吴敏 主编

上海世纪出版(集团)有限公司
上海科学技术出版社 出版、发行
(上海市闵行区号景路159弄A座9F-10F)
邮政编码 201101 www.sstp.cn
上海盛通时代印刷有限公司印刷
开本787×1092 1/16 印张 13
字数 250千字
2016年1月第1版 2023年9月第6次印刷
ISBN 978-7-5478-2844-1/TH·56
定价:65.00元

本书如有缺页、错装或坏损等严重质量问题,请向印刷厂联系调换

前言

　　本教材以《上海市中等职业教育改革发展特色示范学校创建工作计划》和《上海市职业教育国际水平专业教学标准试点实施工作方案》为指导,为促进学校内涵发展,加快专业建设,按照上海市职业教育国际水平机电技术应用专业教学标准的要求,结合液压、气动系统安装与调试课程标准,与企业合作共同编写而成。

　　上海电子工业学校作为一所中德合作办学的全日制中专学校,自1985年始,学校坚持"洋为中用"的原则,开始进行"双元制"本土化发展的实践,并同步引入德国AHK职业资格认证考试以检验学校教学质量和办学成效。在多年的办学实践中,学校坚持以服务企业需求为宗旨,基于实践需要对教学模式进行改革,以对接德国AHK考核标准为切入点,积极倡导项目引领的教学改革。2013年9月上海市职业教育国际水平机电技术应用专业教学标准在学校试点实施。为了进一步推动教学改革、提升课堂实效,我们学习和借鉴了德国职业教育的课堂教学模式,经过反复的实践和论证,编写了此教材。

　　本教材以国际水平教学标准先进理念为指导,编写内容上参照德国职业培训规章和巴伐利亚州职业教育框架教学计划,融入德国"机电一体化技术工"职业资格考试(AHK毕业考试)标准,以任务引领型的一体化情境教学方式取代传统的理论与实训分离的课堂教学方式,教材中项目案例均来自企业典型真实案例,将原有课程内容融入不同的项目中,采用"工作页""信息页"灵活的组织形式,工作页中以引导问题的方式,引导学生自主学习,通过查阅相关资料与信息,独立制订工作计划并实施,在实施中进行质量检查与控制,最后参与学习过程及学习成果的评价,促进学生综合职业能力的发展。

　　本教材由曹华、吴敏主编;张豪、黄颖、赵启明、唐继龙参编(赵启明、唐继龙来自企业)。在编写过程中,上海电子信息职业技术学院中德学院董利达老师给予许多宝贵意见和建议,同时参阅了国内外同行的有关资料、文献,在此一并感谢。

　　由于编者水平有限,对书中可能存在的不妥之处,希望读者批评指正。

　　本教材按其主要内容编制了各项目课件,在上海科学技术出版社网站"课件/配套资源"栏目公布,欢迎读者登录www.sstp.cn浏览、参考、下载。

编　者

符号说明

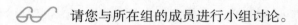

下面的符号将出现在本书的工作页和信息页的边缘，它们将帮助您系统地掌握液压、气动知识并解决控制问题。

 如果您实施工作，这个符号就会出现。

如果您完成工作，请打上√，以便老师能立刻确定您的工作进度。

 请您与所在组的成员进行小组讨论。

📖 当您需要了解一些信息时，请查阅资料。

这些信息可以从技术理论的书中获得。

✏️ 您需要在此处写点或画点什么。

这是有道理的，老师可以根据您在工作页上的填写情况，了解您对该处知识的掌握情况。

 提醒您一些重要的东西。

⟷ 此符号表示信息交流。

当您完成控制任务时，提示您及时与老师交流，以正确的方式来解决控制任务。

⚠️ 此处提醒您注意。

目录

模块一　液压系统安装与调试

模块二　气动系统安装与调试

模 块 一

模 块 一

液压系统安装与调试

液压系统控制回路搭建与调试
安全操作规程

◆ 熟悉并掌握实验系统的结构、性能、操作方法，以及使用这些设备时应遵守的安全技术规程。

◆ 液压设备的启动和停止，必须得到指导教师的指令方可操作。

◆ 液压设备启动前应检查：

■ 油温是否达到要求。

■ 进、出口阀门是否打开。

◆ 液压设备启动后应检查：

■ 油温的变化。

■ 油箱油位的变化。

■ 设备的运转情况，如发现异常情况应采取紧急措施进行处理。

◆ 液压系统在设计压力范围内工作，严禁随便提升压力。

◆ 注意液压系统中阀门的开关顺序：先开低压，后开高压；先关高压，后关低压。操作时应缓慢进行，以防管路产生冲击、爆破。

◆ 正确地将元件插在安装板上。

◆ 首先将所有的管线连接好，检查无误后才接通液压泵。

项目一　液压系统方向控制回路的设计与调试

1.1　项目要求

1.1.1　知识要求

1. 了解液压系统的基本组成。
2. 了解方向控制阀的基础原理。
3. 了解液压缸的工作原理。
4. 了解方向控制回路的类型和应用。

1.1.2　素质要求

1. 遵守现场操作的职业规范,具备安全、整洁、规范实施工作任务的能力。
2. 具有良好的职业道德、职业责任感和不断学习的精神。
3. 具有不断开拓创新的意识。
4. 以积极的态度对待训练任务,具有团队交流和协作能力。

1.1.3　能力要求

1. 具有正确识别液压系统各组成部分的能力。
2. 具备正确选用方向阀的能力。
3. 具备正确选用液压缸的能力。
4. 具备根据任务要求,设计和调试简单方向控制回路的能力。

1.2 工作页

我们已经学习了液压系统的基本组成、方向阀的基本原理及方向控制回路的类型和应用,请您结合所学完成以下任务。

在液压传动系统示意图上填写各组成元器件的名称。

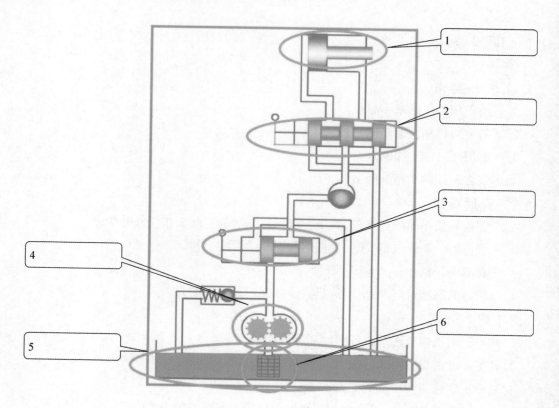

请您与小组成员讨论后,描述上述各元器件的作用。

1. _____

2. _____

3. _____

4. _____

5. _____

6. _____

 请您与小组成员讨论后,描述液压传动系统的五大组成部分在系统中的作用。

动力部分:

_____

_____

执行部分:

_____

_____

控制部分:

_____

_____

辅助部分:

_____

_____

工作介质:

_____

_____

完成以上任务后,请与老师交流。

模块一 液压系统安装与调试

了解绝对压力、相对压力和真空度的关系。

描述下列概念。

绝对压力 _____

_____

相对压力 _____

_____

表压力 _____

_____

真空度 _____

_____

请在图上填写所指线段所表示的压力名称。

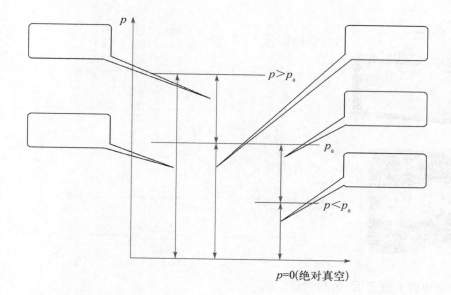

了解液压泵的结构和特点。

 请填写双作用叶片泵的组件名称,并描述其工作原理。

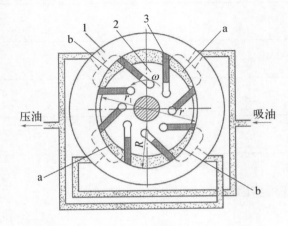

1. _____

2. _____

3. _____

双作用叶片泵的工作原理:

_____

_____

 请填写轴向柱塞泵的组件名称,并描述其工作原理。

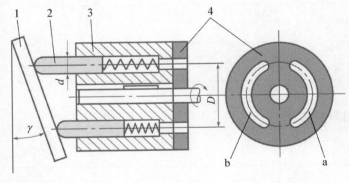

1. _____

2. _____

3. _____

4. _____

轴向柱塞泵的工作原理:

_____

_____

✎ 描述下列概念。

工作压力 _____

额定压力 _____

最高允许压力 _____

排量 _____

理论流量 _____

实际流量 _____

✎ 描述一下选用液压泵通常要考虑哪些因素。

_____

_____

_____

_____

_____

_____

_____

✎ 根据所给元器件名称画出职能符号。

单向定量泵 _____

单向变量泵 _____

双向定量泵 _____

双向变量泵 _____

了解液压缸的结构和特点。

 请计算在下图的三种工况下，单杆活塞缸的推力和速度。

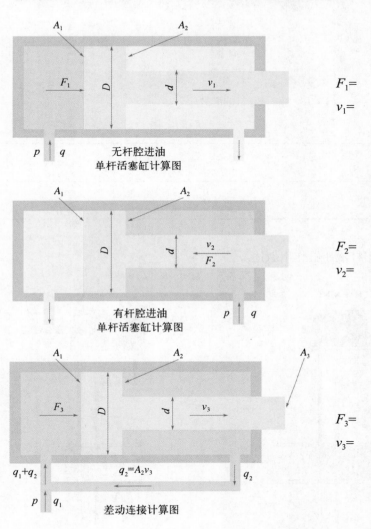

$F_1=$

$v_1=$

无杆腔进油
单杆活塞缸计算图

$F_2=$

$v_2=$

有杆腔进油
单杆活塞缸计算图

$F_3=$

$v_3=$

$q_2=A_2v_3$

差动连接计算图

 请比较三种进油方式的推力和速度，记录下您的发现。

请说明液压缸为何需要密封。

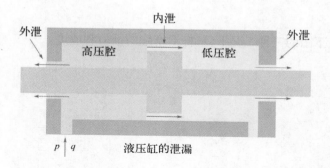

液压缸的泄漏

_____

_____

_____

 对双作用单出杆液压缸作出叙述。

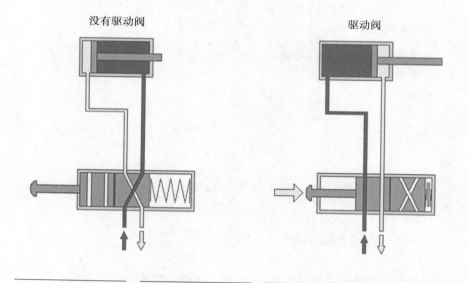

_____

_____

请您与小组成员讨论后,描述上述双作用单出杆液压缸是如何工作的。

_____

_____

了解液压缸的常见现象。

 描述液压缸的行程是如何进行选择的。

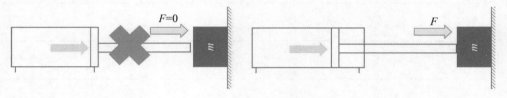

 请填写缓冲装置的名称，并描述其工作原理。

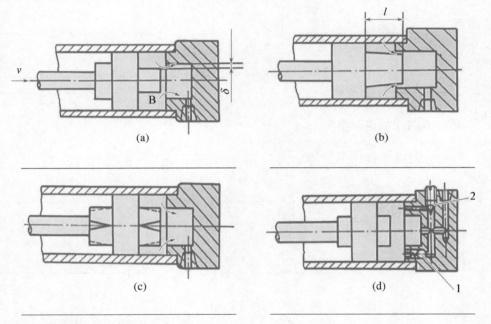

缓冲装置的工作原理：

 了解方向控制阀的结构和特点。

✏️ 说明工作口字母的含义。

P = _____

A , B = _____

T = _____

L = _____

✏️ 填补方向阀元件的符号/名称。

二位三通 _____ _____

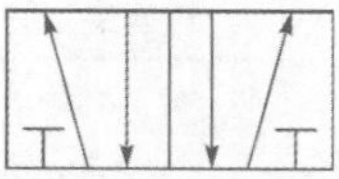

二位四通 _____ _____

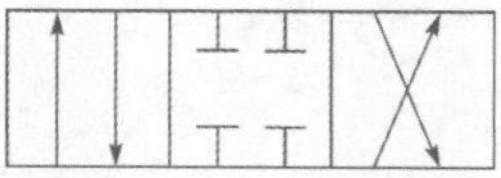

二位五通 _____ _____

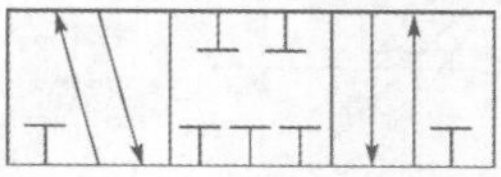

✏️ 填补方向阀的控制类型。

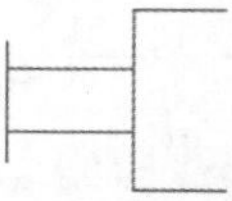

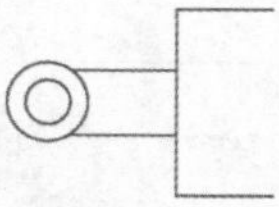

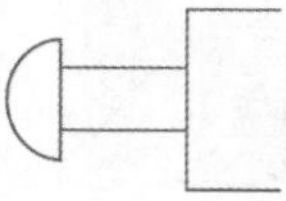

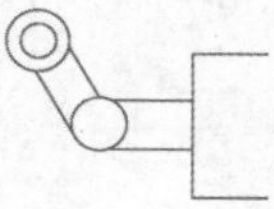

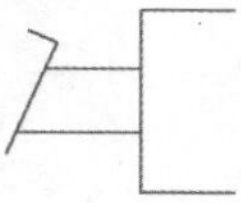

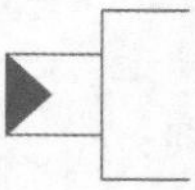

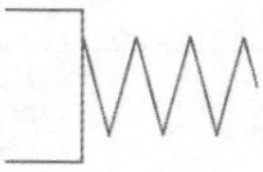

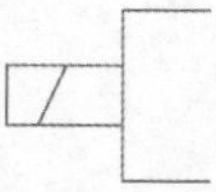

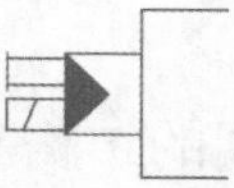

了解单向阀的结构和功能。

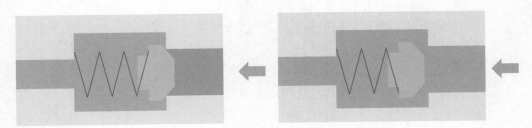

 描述单向阀的操作。

_____

_____

_____

_____

 了解液控单向阀的结构和功能。

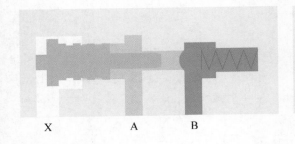

X   A   B

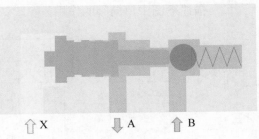

⇧X   ⇩A   ⇧B

 描述液控单向阀的操作。

_____

_____

_____

_____

模块一 液压系统安装与调试

📖 了解换向阀的结构和功能。

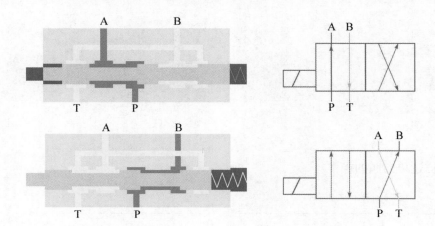

✏️ 描述换向阀的操作。

_____

_____

_____

✏️ 描述下图中单向阀的作用。

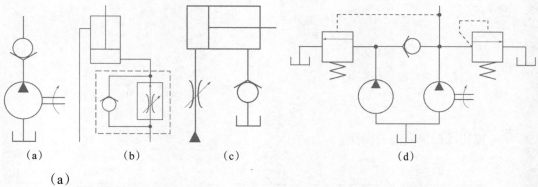

| (a) | (b) | (c) | (d) |

(a) _____

(b) _____

(c) _____

(d) _____

描述下图中液控单向阀的作用。

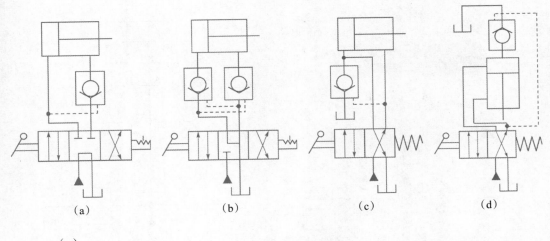

(a)   (b)   (c)   (d)

(a) _____

_____

(b) _____

_____

(c) _____

_____

(d) _____

_____

 根据阀的名称,画出对应的图形符号。

单液控二位三通阀 _____

双液控二位三通阀 _____

单电控二位五通阀 _____

单向阀(带弹簧) _____

液控单向阀 _____

📖　了解方向控制回路的结构和特点。

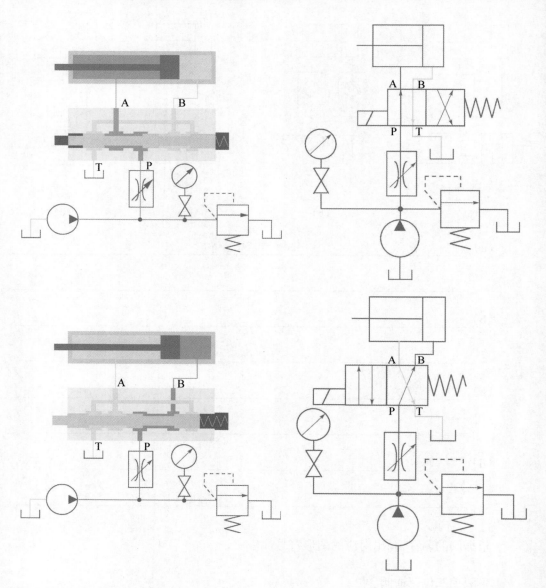

　说明双作用液压缸换向回路的工作原理。

_____

_____

_____

说明二位二通换向阀在回路中的功能。

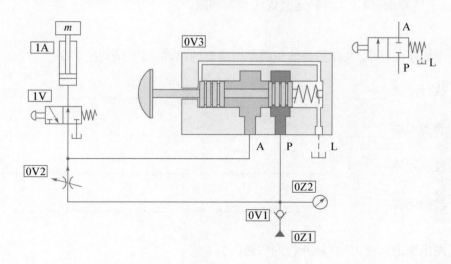

_____

_____

_____

我们已经掌握了液压系统的基础知识及方向控制回路的应用,请您根据任务要求,完成工件转运装置方向控制回路的设计和调试。

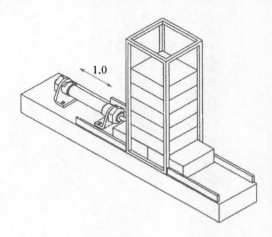

【任务描述】

利用一个双作用液压缸,将上方传送装置送来的木料推送到与其垂直的传送装置上进一步加工。通过一个按钮使液压缸活塞杆伸出,将木块推出;松开按钮,液压缸活塞杆缩回。

【任务要求】

根据上述要求,设计工件转运装置的控制回路。

根据任务要求,选择搭建液压回路所需要的组件,写下确切的名字。

执行元件 _____

动力元件 _____

控制元件 _____

辅助元件 _____

画出您的解决方案(液压控制回路图)。

展示您的解决方案,并与老师交流。

在实验台上搭建液压控制回路,并完成测试。

☐ 记录您在搭建和调试控制回路中出现的问题。请您说明问题产生的原因和排除方法。

问题1 _____

原因 _____

_____

排除方法 _____

_____

问题2 _____

原因 _____

_____

排除方法 _____

_____

教师签名

最后请您将自己的解决方案与其他学生的相比较,讨论出最佳的解决方案。

1.3 评价表

液压系统安装与调试过程考核评价表

班　　级		项目任务	液压系统方向控制回路的设计与调试	
姓　　名		教　　师		
学　　期		评分日期		
评分内容（满分100分）			学生自评	同学互评	教师评价
专业技能 （60分）	工作页完成进度（30）				
	对理论知识的掌握程度（10）				
	理论知识的应用能力（10）				
	改进能力（10）				
综合素养 （40分）	遵守现场操作的职业规范（10）				
	信息获取的途径（10）				
	按时完成学习及工作任务（10）				
	团队合作精神（10）				
总　　分					
综合得分 （学生自评10%、同学互评10%、教师评价80%）					

1.4　信息页

1.4.1　液压系统

1.4.1.1　液压传动的工作原理

液压传动在机械中应用广泛,各种液压传动系统的结构形式可能各不相同,但其传动原理相似。现以磨床工作台往复运动液压传动系统为例,概括说明液压传动的工作原理(图1-1)。

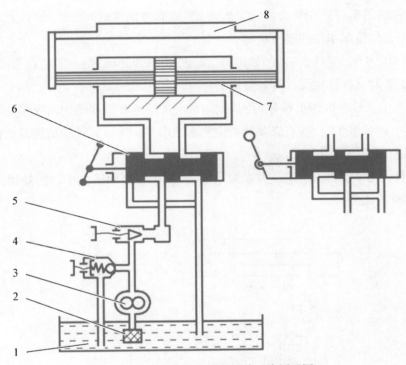

图1-1　磨床工作台液压传动系统原理图

1—油箱；2—过滤器；3—液压泵；4—溢流阀；5—节流阀；6—换向阀；7—液压缸；8—工作台

以受压液体作为工作介质,通过元件密封容积的变化来传递运动,通过系统内部受压液体的压力来传递动力。液压传动系统工作时,可以对液体的压力、流量和方向的控制与调节来满足工作部件在力、速度和方向上的要求。即液压传动系统实际是能量转换装置。

1.4.1.2　液压传动原理图

液压传动原理图是由代表各种液压元件、辅件及连接形式的图形符号组成的,用以表示一个液压系统工作原理的简图,称为液压传动系统原理图(图1-1)。

1.4.1.3 液压元件的图形符号规定和说明

（1）标准规定的液压元件图形符号，主要用于绘制以液压油为工作介质的液压传动系统原理图（图1-2）。

（2）液压元件的图形符号应以元件的静态或零位来表示；当组成系统的动作另有说明时，可作例外。

（3）在液压传动系统中，液压元件若无法采用图形符号表达时，允许采用结构简图表示。

（4）元件符号只表示元件的职能和连接系统的通路，不表示元件的具体结构和参数，也不表示系统管路的具体位置和元件的安装位置。

（5）元件的图形符号在传动系统中的布置，除有方向性的元件符号（油箱和仪表等）外，还可根据具体情况水平或垂直绘制。

（6）元件的名称、型号和参数（如压力、流量、功率和管径等）一般应在系统图的元件表中标明，必要时可标注在元件符号旁边。

（7）标准中未规定的图形符号，可根据本标准的原则和所列图例的规律性进行派生。当无法直接引用和派生时，或有必要特别说明系统中某一重要元件的结构及动作原理时，均允许局部采用结构简图表示。

（8）元件符号的大小以清晰、美观为原则，根据图样幅面的大小斟酌处理，但应保证图形符号本身的比例。

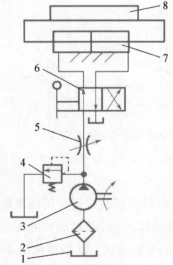

图1-2　用图形符号表示的磨床
液压传动系统原理图

1.4.1.4 液压传动系统的组成

1）动力部分

动力部分供给液压系统压力油，将原动机输出的机械能转换为油液的压力能（液压能）。

其能量转换元件为液压泵,磨床工作台液压传动系统原理图中的液压泵 3 就是动力元件。

2）执行部分

将液压泵输入的油液压力能转换为带动工作机构运动的机械能,以驱动工作部件运动。

执行元件有液压缸和液压马达,磨床工作台液压传动系统原理图中的液压缸 7 就是执行元件。

3）控制部分

用来控制和调节油液的压力、流量和流动方向。

控制元件有各种压力控制阀、流量控制阀和方向控制阀等。

4）辅助部分

将前面三个部分连接在一起,可组成一个起储油、过滤、测量和密封等作用的系统,以保证液压系统可靠、稳定、持久地工作。

辅助元件有管路、接头、油箱、过滤器、蓄能器、密封件和控制仪表等,磨床工作台液压传动系统原理图中的油箱 1、过滤器 2 都是辅助元件。

5）传动介质

传递能量的流体,常用的是液压油。

1.4.1.5　液体状态术语定义

［密度 ρ ］　　单位体积内所含液体的质量称为密度,单位为 kg/m³。

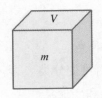

$$\rho = \frac{m}{V} \quad (\text{kg/m}^3)$$

［压力 p ］　　液体处于静止或相对静止时,液体单位面积上所受的法向作用压力称为压力。

　　　　　　　常用单位换算关系：1 bar=1.02 kgf/cm²=100 000 Pa=0.1 MPa

　　　　　　　压力可用绝对压力、表压力和真空度来衡量。

［绝对压力］　以绝对真空作为起点的压力值。一般在表示绝对压力的符号的右下角标注 "ABS",即 p_{ABS}。

［相对压力］　即指以大气压力为基准测得的高出大气压力的那部分压力。

［表压力］　　高出当地大气压力的压力值。由压力表测得的压力值即为表压力。工程计算中,常将当地大气压力用标准大气压力代替,即令 p_a=101 325 Pa。

［真空度］　　低于当地大气压力的压力值。真空度=大气压力－绝对压力。

［真空压力］ 绝对压力与大气压力之差。真空压力在数值上与真空度相同，但应在其数值前加负号。

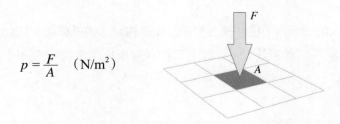

$$p = \frac{F}{A} \quad (\text{N/m}^2)$$

压力示意图如图1-3所示。

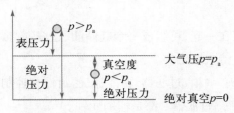

图1-3 压力示意图

 压力是由负载建立的！

压力单位：1 MPa = 1 000 000 Pa = 10 bar

1 bar = 100 kPa

1.4.2 液压泵

1.4.2.1 液压泵的种类

1）按输出流量是否可变分类

液压泵分为定量泵和变量泵。

定量泵是指泵的输出流量是不能调节的。

变量泵是指泵的输出流量是可以调节的。

2）按输出油液的方向是否可变分类

液压泵分为单向液压泵和双向液压泵。

单向液压泵是指泵的输出油液方向是不能变化的。

双向液压泵是指泵的输出油液方向是可以变化的。

3）按结构形式分类

液压泵可分为齿轮泵、叶片泵、柱塞泵、螺杆泵等。

4）按液压泵的压力分类

液压泵按压力分为低压泵、中压泵、中高压泵、高压泵和超高压泵。

低压泵 $0 \sim 2.5$ MPa

中压泵 $2.5 \sim 8$ MPa

中高压泵 $8 \sim 16$ MPa

高压泵 $16 \sim 32$ MPa

超高压泵   32 MPa 以上

1.4.2.2   液压泵的图形符号

液压泵的图形符号如图1-4所示。

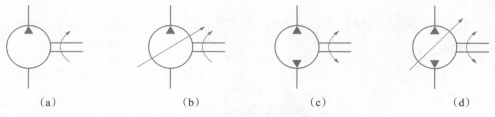

（a）   （b）   （c）   （d）

图1-4　液压泵的图形符号

（a）单向定量泵；（b）单向变量泵；（c）双向定量泵；（d）双向变量泵

1.4.2.3   液压泵的基本特点

液压泵都是依靠密封容积变化的原理来进行工作的,故一般称为容积式液压泵。

容积式液压泵主要具有以下基本特点:

（1）具有若干个密封且又可以周期性变化的空间。

（2）油箱内液体的绝对压力必须恒等于或大于大气压力。

（3）具有相应的配流机构。

1.4.2.4   液压泵的工作原理

1）外啮合齿轮泵

外啮合齿轮泵剖面结构及实物图如图1-5所示。

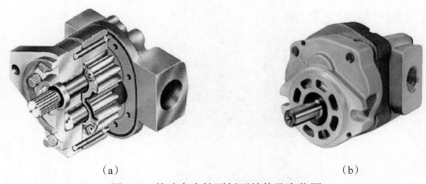

（a）   （b）

图1-5　外啮合齿轮泵剖面结构及实物图

（a）剖面结构；（b）实物图

工作原理：

泵的壳体内装有一对外啮合齿轮，齿轮将泵壳体内分隔成左、右两个密封容腔。当齿轮按图示方向旋转时，右侧的齿轮逐渐脱离啮合，露出齿间。因此这一侧的密封容腔的体积逐渐增大，形成局部真空，油箱中的油液在大气压力的作用下经泵的吸油口进入这个腔体，所以这个容腔称为吸油腔。

随着齿轮的转动，每个齿间中的油液从右侧被带到了左侧。在左侧的密封容腔中，轮齿逐渐进入啮合，使左侧密封容腔的体积逐渐减小，把齿间的油液从压油口挤压输出，该容腔称为压油腔。

当齿轮泵不断地旋转时，齿轮泵的吸、压油口不断地吸油和压油，实现了向液压系统输送油液的过程（图1-6）。

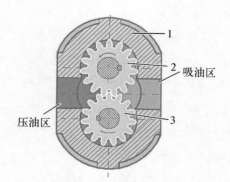

图1-6　外啮合齿轮泵工作原理图
1—泵壳；2,3—外啮合齿轮

2）单作用叶片泵

工作原理：

当转子转动时，由于离心力作用，叶片顶部始终压在定子内圆表面上，两相邻叶片间就形成了密封容腔。由于在转子每转一周的过程中，每个密封容腔完成吸油、压油各一次，因此称为单作用式叶片泵（图1-7）。

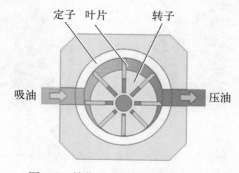

图1-7　单作用叶片泵的工作原理图

3）双作用叶片泵

工作原理：

转子和定子是同心的，定子内表面由八段曲面拼成。叶片在离心力和底部压力油的作用下紧贴在定子的内表面上，在相邻叶片之间形成密封容腔。当转子沿图1-8所示方向转动时，右上角和左下角的密封容腔容积逐渐变大，所在的区域是吸油区；左上角和右下角的密封容腔容积逐渐变小，所在的区域是压油区。

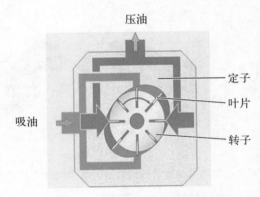

压油

定子

叶片

吸油

转子

图1-8　双作用叶片泵的工作原理图

1.4.2.5　液压泵的性能参数

（1）工作压力。液压泵在某一工况下输出油液的实际压力称为工作压力。

（2）额定压力。额定压力是泵在铭牌上标定的压力。

（3）最高允许压力。根据试验标准规定，允许液压泵短暂运行的最高压力值。

（4）排量。液压泵每转一周，由其密封容积几何尺寸变化计算而得的排出油液的体积称为液压泵的排量。

（5）理论流量。理论流量是指在不考虑液压泵油液泄漏的情况下，在单位时间内所排出的液体体积的平均值。实际工作中，为方便起见，一般可用液压泵的空载流量代替理论流量。

（6）实际流量。液压泵在某一具体工况下，单位时间内所排出的油液体积称为实际流量。

（7）额定流量。液压泵在正常工作条件下，按试验标准规定（如在额定压力和额定转速下）必须保证的流量称为额定流量。即泵的铭牌上标定的流量。

（8）输入功率。指液压泵主轴上实际输入的机械功率。

（9）理论输出功率。不考虑液压泵的容积损失时，其输出液体所具有的液压功率。

（10）实际输出功率。剔除因泄漏及机械磨损引起的容积损失和机械损失后，液压泵实际输出的液压功率。

1.4.3 液压缸

1.4.3.1 液压缸分类

液压缸按其结构形式可以分成活塞缸、柱塞缸和摆动缸三类。

按其作用方式可以分为单作用式和双作用式两大类。

1）双作用单出杆活塞式液压缸

双作用单出杆活塞式液压缸剖面结构、实物图和图形符号如图1-9所示。

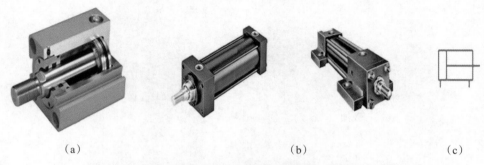

（a） （b） （c）

图1-9 双作用单出杆活塞式液压缸剖面结构、实物图和图形符号

（a）剖面结构；（b）实物图；（c）图形符号

（1）速度计算。如下图所示，若泵输入液压缸的流量为 q，压力为 p，则当无杆腔进油时活塞运动速度 v_1 及推力 F_1 为

$$v_1 = \frac{q}{A_1} = \frac{4q}{\pi D^2} \quad (\text{m/s})$$

$$F_1 = pA_1 = p\frac{\pi D^2}{4} \quad (\text{N})$$

（2）推力计算。如下图所示，当有杆腔进油时活塞运动速度 v_2 及推力 F_2 为

$$v_2 = \frac{q}{A_2} = \frac{4q}{\pi(D^2 - d^2)}$$

$$F_2 = A_2 p = \frac{\pi(D^2 - d^2)}{4}p$$

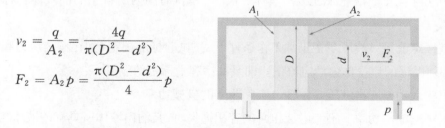

（3）差动连接。如图1-10所示，当缸的两腔同时通以压力油时，由于作用在活塞两端面上的推力产生推力差，因此在此推力差的作用下，活塞向右运动。这时，从液压缸有

杆腔排出的油也进入液压缸的左腔,使活塞实现快速运动。这种连接方式称为差动连接。这种两端同时通压力油,利用活塞两端面积差进行工作的单出杆液压缸也叫差动液压缸。

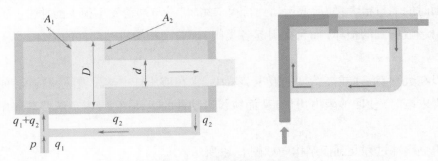

图1-10 差动连接示意图

差动连接通常应用于需要快进、工进、快退运动的组合机床液压系统中。

2)双作用双出杆活塞式液压缸

双作用双出杆活塞式液压缸结构、实物图和图形符号如图1-11所示。

（a） （b） （c）

图1-11 双作用双出杆活塞式液压缸结构、实物图和图形符号

(a)结构图;(b)实物图;(c)图形符号

（1）安装形式与适用场合。双作用双出杆活塞式液压缸的活塞两端都带有活塞杆,分为缸体固定和活塞杆固定两种安装形式。

双作用双出杆活塞式液压缸常应用于需要工作部件做等速往返直线运动的场合。

（2）运动速度v和推力F。由于双作用双出杆活塞式液压缸的两活塞杆的直径相等,故当输入液压缸的流量和油液压力不变时,其往返的运动速度和推力相等。如下图所示,运动速度v和推力F为

$$v_3 = \frac{q}{A_1} = \frac{4q}{\pi(D^2-d^2)} \quad (\text{m/s})$$

$$F_3 = pA_1 = p\frac{\pi(D^2-d^2)}{4} \quad (\text{N})$$

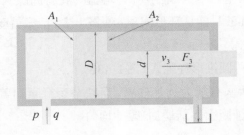

1.4.3.2 缓冲装置

在液压系统中,当运动速度较高时,由于负载及液压缸活塞杆本身的质量较大,因此造成运动时的动量很大,使活塞运动到行程末端时,易与端盖发生很大的冲击。这种冲击不仅会引起液压缸的损坏,而且会引起各类阀、配管及相关机械部件的损坏,具有很大的危害性。

所以在大型、高速或高精度的液压装置中,常在液压缸末端设置缓冲装置,使活塞在接近行程末端时,使回油阻力增加,从而减缓运动件的运动速度,避免活塞与液压缸端盖的撞击。

液压缸缓冲过程及剖面结构图如图1-12所示。

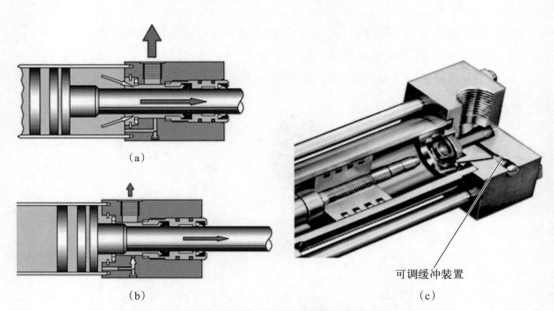

（a）

（b）

（c）

可调缓冲装置

图1-12　液压缸缓冲过程及剖面结构图

（a）正常回油;（b）节流回油;（c）剖面结构图

常见的缓冲装置有以下几种。

1）圆柱形环隙式（图1-13a）

活塞右端为圆柱塞,与端盖圆孔有间隙δ,当柱塞运行至端盖圆孔内时,封闭在缸筒内的油液只能从环形间隙δ处挤出去,活塞就受到一个很大的阻力而减速制动,减缓活塞的冲击。

2）圆锥形环隙式（图1-13b）

活塞右端为圆锥柱塞,当柱塞运行至端盖圆孔内时,其间隙δ随活塞的位移逐渐减小,而液阻力逐渐增加,缓冲均匀。

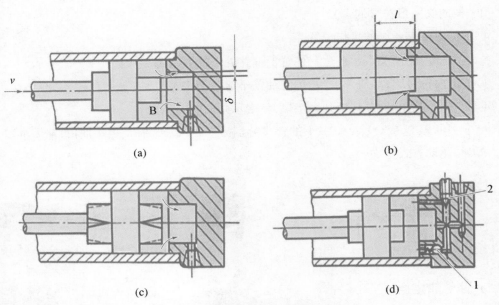

图1-13　液压缸的缓冲装置

（a）圆柱形环隙式；（b）圆锥形环隙式；（c）可变节流槽式；（d）可调节流式
1—单向阀；2—可调节流阀

3）可变节流槽式（图1-13c）

活塞右端为开有三角节流槽的圆柱塞，节流面积随柱塞的位移逐渐减小，而液阻力逐渐增大，缓冲作用平稳。

4）可调节流式（图1-13d）

活塞端部圆柱塞进入端盖圆孔时回油口被堵，无杆腔回油只能通过节流阀2回油。调节节流阀的开度，可以控制回油量，从而控制活塞的缓冲速度。当活塞返行程时，压力油通过回油口、单向阀1很快进入右腔作用于整个活塞上及时反向。这种缓冲装置可根据负载情况调整节流阀的开度大小，改变缓冲压力的大小，因此适用范围广。

1.4.4　换向阀

在液压系统中，当液压油进入液压缸的不同工作腔时，能使液压缸带动工作台完成往复运动。这种能够使液压油进入不同的液压缸工作油腔，从而实现液压缸不同的运动方向的元件，称为换向阀。

1.4.4.1　方向控制元件基础原理

一个完整的换向阀图形符号包括工作位置数、通路数、各位置上油口的连通关系、操纵方式、复位方式和定位方式等。

1）换向阀图形符号的含义

（1）用方框表示阀的工作位置。

（2）方框内的箭头表示在这一位置上油路处于接通状态。

（3）框内符号"⊤"或"⊥"表示此油路不通。

（4）一个方框的外部连接几个接口，就表示几"通"。

（5）字母P、T（或O）、A和B、L的含义分别为进油口、回油口、工作油口、泄漏油口。

2）阀驱动方式定义

【人工控制】

一般手动操作

按钮式

手柄式，带定位

踏板式

【机械控制】

弹簧复位

弹簧对中

滚轮式

单向滚轮式

【液压控制】

直动式

先导式

【电气控制】

单电控

双电控

【组合控制】

先导式双电控，带手动

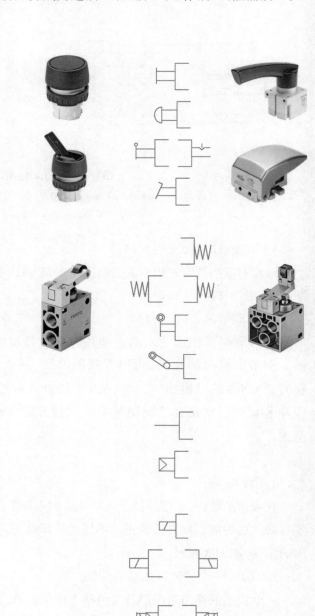

3）滑阀式换向阀的主体结构和图形符号

滑阀式换向阀的主体结构和图形符号见表1-1。

表1-1　滑阀式换向阀的主体结构和图形符号

名　称	结构原理图	图形符号	使　用　场　合		
二位二通	 A　B		控制油路的切断（相当于一个开关）		
二位三通	 A　P　B		控制液流方向（从一个方向变换成另一个方向）		
二位四通	 B　P　A　T		控制执行元件换向	不能使执行元件在任一位置上停止运动	执行元件正、反向运动时，回油方式相同
二位五通	 T1　A　P　B　T2				执行元件正、反向运动时，回油方式不相同
三位四通	 A　P　B　T			能使执行元件在任一位置上停止运动	执行元件正、反向运动时，回油方式相同
三位五通	 T1　A　P　B　T2				执行元件正、反向运动时，回油方式不相同

1.4.4.2　单向阀

1）单向阀的主要作用

单向阀的主要作用是控制油液的流动方向，使其只能单向流动。

如图1-14所示，单向阀按进、出油流动方向可分为直通式和直角式两种。

直通式单向阀的进、出口在同一轴线上。

直角式单向阀的进、出口相对于阀芯来说是直角布置的。

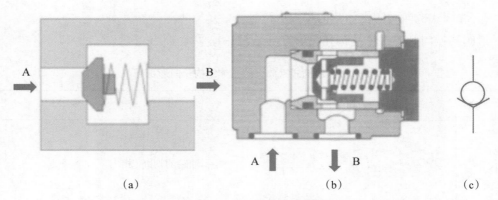

图1-14　单向阀工作原理图和图形符号

（a）直通式；（b）直角式；（c）图形符号

2）工作原理分析

当液流由A腔流入时，克服弹簧力将阀芯顶开，于是液流由A腔流向B腔；当液流反向流入时，阀芯在液压力和弹簧力的作用下关闭阀口，使液流截止，于是液流无法由B腔流向A腔。

单向阀中的弹簧主要用以克服阀芯的摩擦阻力和惯性力，使单向阀工作可靠，所以普通单向阀的弹簧刚度一般都选得较小，以免油液流动时产生较大的压降。单向阀的开启压力一般为0.035～0.05 MPa。其实物图如图1-15所示。

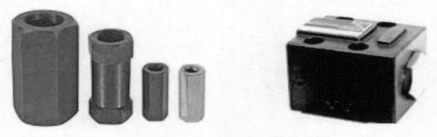

图1-15　单向阀实物图

3）单向阀的用途

（1）防止系统反向传动。将单向阀安装于泵的出口处，防止系统压力突然升高反向传给泵，而造成泵反转或损坏，并且在液压泵停止工作时，可以保持液压缸的位置（图1-16a）。

（2）选择液流方向。选择液流方向，使压力油或回油只能按单向阀所限定的方向流动，构成特定的回路（图1-16b）。

（3）将单向阀用作背压阀。单向阀中的弹簧主要是用来克服阀芯的摩擦阻力和惯性力的。为使单向阀工作灵敏可靠，普通单向阀的弹簧刚度都选得较小，以免油液流动时产生较大的压力降;若将单向阀中的弹簧换成较大刚度的弹簧,就可将其置于回油路中作背压阀使用。如图1-16c所示,在液压缸的回油路上串入单向阀,利用单向阀弹簧产生的背压,可以提高执行元件运动的稳定性。这样还可以防止管路拆开时油箱中的油液经回油管外流。

(4)隔离高、低压油区,防止高压油进入低压系统。如图1-16d所示,双泵供油系统由低压大流量泵1和高压小流量泵2组成。当需要空载快进时,单向阀导通,两个液压泵同时供油,实现执行元件的高速快进;当开始工作时,系统压力升高,低压泵利用液控式顺序阀卸荷,单向阀关闭,高压泵输出的高压油供执行元件实现工进。这样,高压油就不会进入低压泵而造成其损坏。

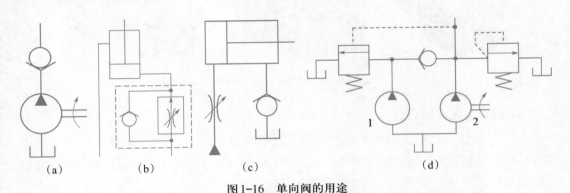

图1-16 单向阀的用途

(a)防止反向传动;(b)选择液流方向;(c)用作背压阀;(d)隔离高、低压油区
1—低压大流量泵;2—高压小流量泵

1.4.4.3 液控单向阀

1)液控单向阀的特点

液控单向阀在正向流动时与普通单向阀相同。它与普通单向阀的区别在于供给液控单向阀的控制油路一定压力的油液,可使油液实现反向流动。

2)液控单向阀工作原理图和图形符号

液控单向阀工作原理图和图形符号如图1-17所示。

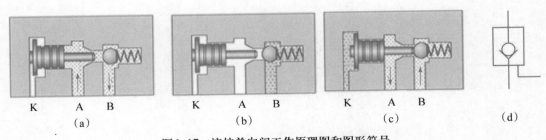

图1-17 液控单向阀工作原理图和图形符号

(a)正向导通;(b)反向关断;(c)反向导通;(d)图形符号

3）液控单向阀工作原理分析

控制口 K 处没有压力油通入时，在弹簧和球形阀芯的作用下，液压油只能由 A 口向 B 口流通，不能反向流动，这时它的功能相当于单向阀；当控制口 K 通入压力油时，控制活塞将阀芯顶开，则可以实现油液由 B 到 A 的反向流通。

由于控制活塞有较大作用面积，所以 K 口的控制压力可以小于主油路的压力。

液控单向阀实物图如图 1-18 所示。

图 1-18　液控单向阀实物图

4）液控单向阀的用途

（1）保持压力。由于滑阀式换向阀都有间隙泄漏现象，所以当与液压缸相通的 A、B 油口封闭时，液压缸只能短时间保压。如图 1-19a 所示，在油路上串入液控单向阀，利用其座阀结构关闭时的严密性，可以实现较长时间的保压。

（2）实现液压缸的锁紧。如图 1-19b 所示的回路中，当换向阀处于中位时，两个液控单向阀的控制口通过换向阀与油箱相通，液控单向阀迅速关闭，严密封闭液压缸两腔的油液，液压缸活塞不会因外力而产生移动，从而实现比较精确的定位。这种让液压缸能在任何位置停止，并且不会因外力作用而发生位置移动的回路称为锁紧回路。

（3）大流量排油。如果液压缸两腔的有效工作面积相差较大，那么当活塞返回时，液压

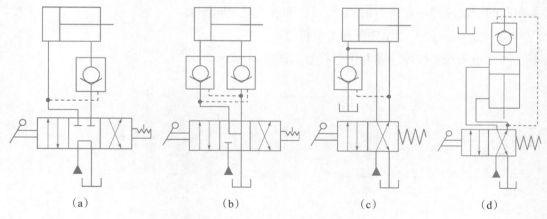

图 1-19　液控单向阀的用途

（a）保持压力；（b）双向液压锁；（c）大流量排油；（d）用作充油阀

缸无杆腔的排油流量会骤然增大。此时回油路可能会产生较强的节流作用,限制活塞的运动速度。如图1-19c所示,在液压缸回油路加设液控单向阀,在液压缸活塞返回时,控制压力将液控单向阀打开,使液压缸左腔油液通过单向阀直接排回油箱,实现大流量排油。

(4)用作充油阀。立式液压缸的活塞在负载和自重的作用下高速下降,液压泵供油量可能来不及补充液压缸上腔形成的容积。这样就会使上腔产生负压,而形成空穴。在图1-19d所示的回路中,在液压缸上腔加设一个液控单向阀,就可以利用活塞快速运动时产生的负压将油箱中的油液吸入液压缸无杆腔,保证其充满油液,实现补油的功能。

1.4.4.4 换向阀的典型结构和应用

1)换向阀的操纵方式和典型结构

液压换向阀常用的操纵方式主要有手动、机动、电磁动、液动、电液动等(图1-20)。

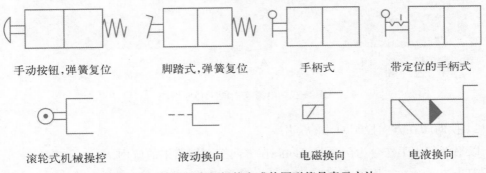

手动按钮,弹簧复位　　脚踏式,弹簧复位　　手柄式　　带定位的手柄式

滚轮式机械操控　　液动换向　　电磁换向　　电液换向

图1-20　液压换向阀操控方式的图形符号表示方法

(1)手动换向阀。其结构示意图如图1-21所示。

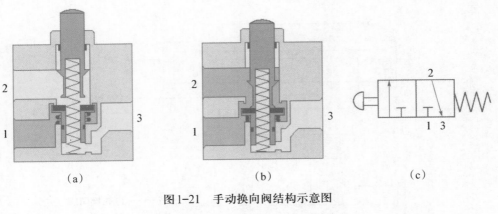

(a)　　　　　　　(b)　　　　　　　(c)

图1-21　手动换向阀结构示意图

(a)换向前;(b)换向后;(c)图形符号

(2)机动换向阀。机动换向阀借助于安装在工作台上的挡铁或凸轮来迫使阀芯移动,从而达到改换油液流向的目的。机动换向阀主要用来检测和控制机械运动部件的行

程,所以又称为行程阀。其结构与手动换向阀相似。

（3）电磁换向阀。液压电磁换向阀和气动系统中的电磁换向阀一样也是利用电磁线圈的通电吸合与断电释放,直接推动阀芯运动来控制液流方向的(图1-22)。

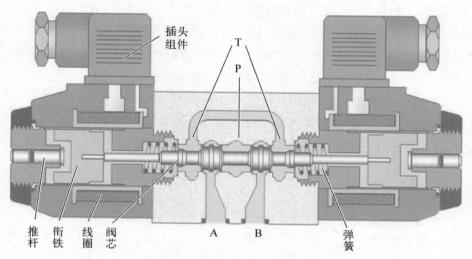

图1-22　电磁换向阀工作原理图

2）换向阀在方向控制回路的应用

以平面磨床工作台为例说明换向阀在方向控制回路中的应用。

因为工作台在工作时,需要自动地完成往返运动,所以可以考虑选择三位四通电磁换向阀来控制双作用双出杆液压缸的运动方向,从而带动工作台实现所需的工作要求,其液压回路如图1-23所示。

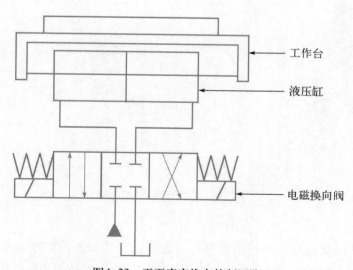

图1-23　平面磨床换向控制回路

项目二　液压系统压力控制回路的设计与调试

2.1　项目要求

2.1.1　知识要求

1. 了解压力控制阀的基础原理。
2. 了解压力控制回路的特点和应用。

2.1.2　素质要求

1. 遵守现场操作的职业规范,具备安全、整洁、规范实施工作任务的能力。
2. 具有良好的职业道德、职业责任感和不断学习的精神。
3. 具有不断开拓创新的意识。
4. 以积极的态度对待训练任务,具有团队交流和协作能力。

2.1.3　能力要求

1. 具有正确选用压力控制阀的能力。
2. 具备根据任务要求,设计和调试简单压力控制回路的能力。

2.2 工作页

我们已经学习了压力控制阀的基本原理及压力控制回路的类型和应用,请您结合所学完成以下任务。

根据阀的名称,画出对应的气动符号。

直动式溢流阀 _____

先导式溢流阀 _____

压力继电器 _____

直动式减压阀 _____

先导式减压阀 _____

直动式内控顺序阀 _____

直动式外控顺序阀 _____

了解溢流阀的结构和功能。

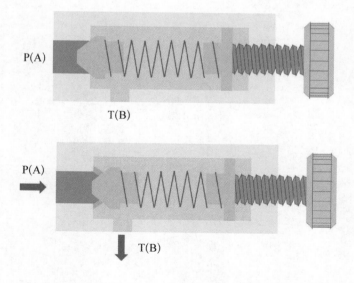

描述溢流阀的操作。

_____

_____

_____

 注意溢流阀的作用!

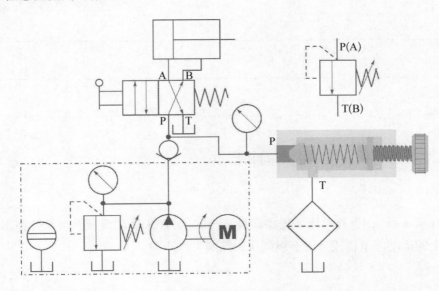

 如上图所述,请思考:在系统中为何要并联一个溢流阀?

_____

_____

 了解减压阀的结构和功能。

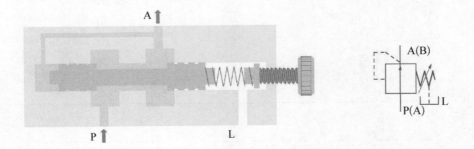

描述减压阀的操作。

_____

_____

_____

了解压力控制回路的结构和特点。

在液压系统中,有时需要提供多种不同的压力,来驱动液压执行元件在不同方向上的运动。请描述下图多级调压回路的工作原理。

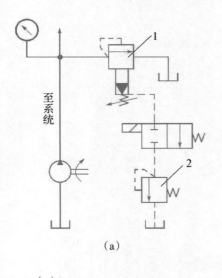

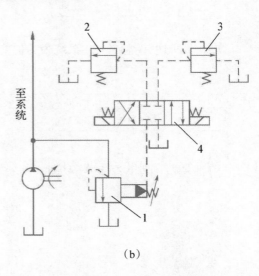

(a)　　　　　　　　　　　　　(b)

(a) _____

_____

（b）_____

_____

_____

_____

 我们已经掌握了压力控制回路的应用,请您根据任务要求,完成工件夹紧装置压力控制回路的设计和调试。

【任务描述】

如上图所示,利用双作用液压缸将下方的工件夹紧后,进一步加工。通过一个按钮使液压缸活塞杆伸出,将下方工件顶紧;松开按钮,液压缸活塞杆缩回。

【任务要求】

根据上述要求,设计工件夹紧装置的控制回路。

思考。

在这个项目中,液压缸 1A1 活塞的返回控制应采用什么阀来实现?

_____

_____

为方便压力检测和阀压力值的设定,应在相应检测位置安装压力表,该表应装在哪个位置?

_____

如不进行节流,则可能在压实时导致压力上升过快。如何通过进气节流来降低压力上升速度,使阀可靠工作?

_____

_____

_____

根据任务要求,选择搭建液压回路所需要的组件,写下确切的名字。

执行元件 _____

动力元件 _____

控制元件 _____

辅助元件 _____

 画出您的解决方案(液压控制回路图)。

⟷ 展示您的解决方案,并与老师交流。

☐ 在实验台上搭建液压控制回路,并完成测试。

☐ 记录您在搭建和调试控制回路中出现的问题。请您说明问题产生的原因和排除方法。

问题1 _____

原因 _____

_____

排除方法 _____

_____

问题2 _____

原因 _____

_____

排除方法 _____

_____

教师签名

𝄞 最后请您将自己的解决方案与其他学生的相比较,讨论出最佳的解决方案。

模块一 液压系统安装与调试

2.3 评价表

液压系统安装与调试过程考核评价表

班　级		项目任务	液压系统压力控制回路的设计与调试		
姓　名		教　师			
学　期		评分日期			
评分内容（满分100分）			学生自评	同学互评	教师评价
专业技能（60分）	工作页完成进度（30）				
	对理论知识的掌握程度（10）				
	理论知识的应用能力（10）				
	改进能力（10）				
综合素养（40分）	遵守现场操作的职业规范（10）				
	信息获取的途径（10）				
	按时完成学习及工作任务（10）				
	团队合作精神（10）				
总　　分					
综合得分 （学生自评10%、同学互评10%、教师评价80%）					

2.4 信息页

2.4.1 压力控制阀

　　稳定的工作压力是保证系统正常工作的前提条件。同时，一旦液压传动系统过载，若无有效的卸荷措施的话，就会使液压传动系统中的液压泵处于过载状态，很容易发生损坏，液压传动系统中的其他元件也会因超过自身的额定工作压力而损坏。因此，液压传动系统必须能有效地控制系统压力，而担负此项任务的就是压力控制阀。

　　在液压传动系统中控制油液压力的阀称为压力控制阀，简称压力阀。常用的压力阀有溢流阀、减压阀和顺序阀等。它们的共同特点，是利用作用于阀芯上的油液压力和弹簧弹力相平衡的原理来进行工作。其中，溢流阀在系统中的主要作用是稳压和卸荷。

2.4.1.1 溢流阀

　　在液压系统中，常用的溢流阀有直动式和先导式两种。直动式溢流阀用于低压系统，先导式溢流阀用于中、高压系统（图2-1）。

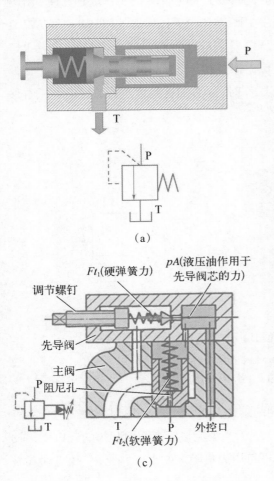

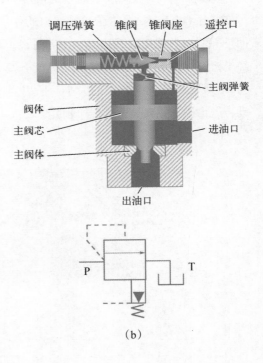

图2-1 溢流阀结构

(a) 直动式溢流阀；(b) Y 型先导式溢流阀；
(c) Y2 型先导式溢流阀

1）直动式溢流阀

直动式溢流阀如图2-2所示。

图2-2 直动式溢流阀

（1）直动式溢流阀的工作原理。如图2-3所示，其中，弹簧用来调节溢流阀的溢流压力，假设p为作用在阀芯端面上的液压力，F为弹簧弹力，阀芯左端的工作面积为A。由图可知，当$A<F$时，阀芯在弹簧弹力的作用下往左移，阀口关闭，没有油液从P口经T口流回油箱；当系统压力升高到$A>F$时，弹簧被压缩，阀芯右移，阀口打开，部分油液从P口经T口流回油箱，限制系统压力继续升高，使压力保持在$p=F/A$的恒定数值。调节弹簧弹力F，即可调节系统压力的大小。所以溢流阀工作时，阀芯随着系统压力的变动而左右移动，从而维持系统压力近似于恒定。

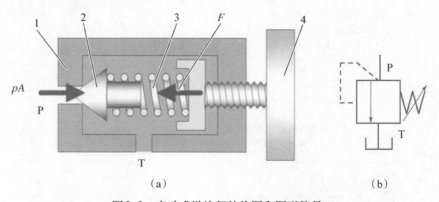

（a）

（b）

图2-3 直动式溢流阀结构图和图形符号

（a）结构图；（b）图形符号

1—阀体；2—阀芯；3—调压弹簧；4—调节手轮

（2）直动式溢流阀的特点。直动式溢流阀的结构简单、灵敏度高，但压力波动受溢流量的影响较大，不适于在高压、大流量下工作。因为当溢流量较大而引起阀的开口变化较大时，弹簧变形较大即弹簧力变化大，溢流阀进口压力也随之发生较大变化，故直动式溢流阀调压稳定性差,定压精度低,一般用于压力小于2.5 MPa的小流量系统中。

2)先导式溢流阀

先导式溢流阀剖面结构及实物图如图2-4所示。

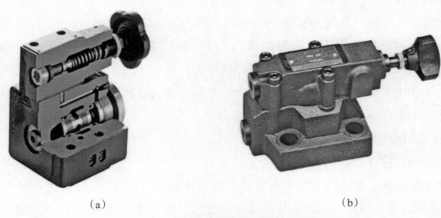

（a） （b）

图2-4 先导式溢流阀剖面结构及实物图

（a）剖面结构；（b）实物图

（1）先导式溢流阀结构图及图形符号如图2-5所示。

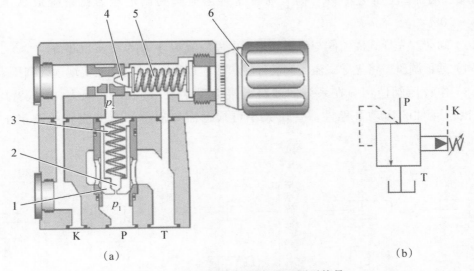

（a） （b）

图2-5 先导式溢流阀结构图及图形符号

（a）结构图；（b）图形符号

1—主阀阀芯；2—阻尼孔；3—主阀弹簧；4—导阀阀芯；5—导阀弹簧；6—调节手轮

（2）先导式溢流阀的工作原理。先导式溢流阀由先导阀和主阀两部分组成。该阀的工作原理如下：

如图2-5所示，在K口封闭的情况下，压力油p_1由P口进入，通过阻尼孔2后作用在导阀阀芯4上。当压力不高时，作用在导阀阀芯上的液压力不足以克服导阀弹簧5的作用力，导阀关闭。这时油液静止，主阀阀芯1下方的压力p_1和主阀弹簧3上方的压力p_2相等。在主阀弹簧的作用下，主阀阀芯关闭，P口与T口不能形成通路，没有溢流。

当进油口P口压力升高，使作用在导阀上的液压力大于导阀弹簧弹力时，导阀阀芯右移，油液就可从P口通过阻尼孔经导阀流向T口。由于阻尼孔的存在，油液经过阻尼孔时会产生一定的压力损失p，所以阻尼孔下部的压力p_1高于上部的压力p_2，即主阀阀芯的下部压力p_1大于上部的压力p_2。这个压差$p=p_1-p_2$的存在使主阀阀芯上移开启，使油液可以从P口向T口流动，从而实现溢流。

3）溢流阀的功能

溢流阀的功能如图2-6所示。

（1）溢流调压。在液压系统中用定量泵和节流阀进行调速时，溢流阀可使系统的压力稳定。并且，节流阀调节的多余压力油可以通过溢流阀溢流回油箱，即利用溢流阀进行分流。

（2）限压保护。在液压系统中用变量泵进行调速时，泵的压力随负载变化，这时需防止过载，即设置安全阀（溢流阀）。在正常工作时此阀处于常闭状态，过载时打开阀口溢流，使压力不再升高。通常这种溢流阀的调定压力比系统最高压力高10%～20%。

（3）卸荷。先导式溢流阀与电磁阀组成电磁溢流阀，控制系统实现卸荷。

（4）远程调压。将先导式溢流阀的外控口接上远程调压阀，便能实现远程调压。

（5）作背压阀使用。在系统回油路上接上溢流阀，造成回油阻力，形成背压，可提高执行元件的运动平稳性。背压大小可根据需要通过调节溢流阀的调定压力来获得。

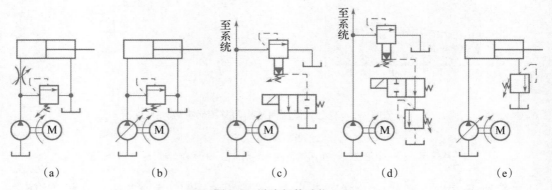

图2-6　溢流阀的功能

（a）溢流调压；（b）安全阀；（c）卸荷；（d）远程调压；（e）背压阀

2.4.1.2 减压阀

定值减压阀剖面结构及实物图如图2-7所示。

（a） （b）

图2-7 定值减压阀剖面结构及实物图

（a）剖面结构；（b）实物图

1）直动式减压阀工作原理

直动式减压阀的工作原理如图2-8所示。当其出口压力未达到调压弹簧的预设值时,阀芯处于最左端,阀口全开。随着出口压力逐渐上升并达到设定值时,阀芯右移,阀口开度逐渐减小直至完全关闭。如果忽略其他次要因素,仅考虑作用在阀芯上的液压力和弹簧力相平衡的条件,则可以认为减压阀出口压力不会超过通过弹簧预设的调定值。

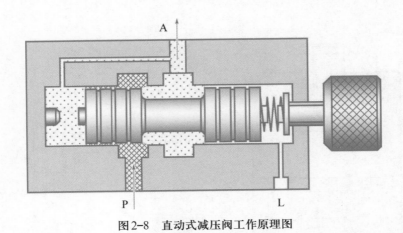

图2-8 直动式减压阀工作原理图

减压阀的稳压过程为:当减压阀输入压力变大,出口压力随之增大,阀芯也相应右移,使阀口开度减小,阀口处压降增加,出口压力回到调定值;当减压阀输入压力变小,出口压力随之减小,阀芯也相应左移,使阀口开度增大,阀口处压降减小,出口压力也会回到调定值。通过这种输出压力的反馈作用,可以使其输出压力基本保持稳定。

当两个输入口中的任何一个有输入信号时,输出口就有输出,从而实现了逻辑"或"

门的功能。当两个输入信号压力不等时,梭阀则输出压力高的那个。

2）定值减压阀的图形符号

定值减压阀的图形符号如图2-9所示。

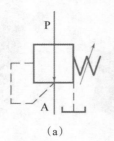 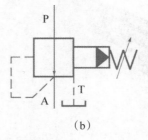

（a）　　　　　　　　　　　（b）

图2-9　定值减压阀的图形符号

（a）直动式；（b）先导式

2.4.1.3　顺序阀

顺序阀是把压力作为控制信号,自动接通或切断某一油路,控制执行元件做顺序动作的压力阀。根据结构的不同,顺序阀一般可分为直控顺序阀（简称顺序阀）和液控顺序阀（远控顺序阀）两种；按压力控制方式不同可分为内控式和外控式。

1）直动式内控顺序阀结构图及图形符号

直动式内控顺序阀结构图及图形符号如图2-10所示。

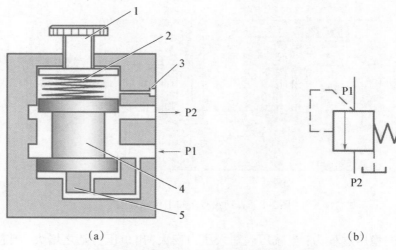

（a）　　　　　　　　　　　（b）

图2-10　直动式内控顺序阀结构图及图形符号

（a）结构图；（b）图形符号

1—调节螺钉；2—弹簧；3—外泄油口；4—阀芯；5—测压柱塞

如图2-10所示的直动式内控顺序阀的结构图和直动式溢流阀的结构图相似。当进口油液压力较小时,阀芯4在调压弹簧2的作用下处于下端位置,进油口和出油口互不相通。当作用在阀芯下方的油液压力大于弹簧预紧力时,阀芯上移,进、出油口导通,油液可以从出油口流出,去控制其他执行元件动作。通过调节螺钉1可以对调压弹簧的预紧力进行设定,从而调整顺序阀的动作压力。

2)直动式顺序阀与直动式溢流阀的区别

(1)结构上。顺序阀的输出油液不直接回油箱,所以弹簧侧的泄油口必须单独接回油箱。为减小调节弹簧的刚度,顺序阀的阀芯上一般设置有控制柱塞。为了使执行元件准确实现顺序动作,要求顺序阀的调压精度高、偏差小,关闭时内泄漏量小。

(2)作用上。溢流阀主要用于限压、稳压及配合流量阀用于调速;顺序阀则主要用来根据系统压力的变化情况控制油路的通断,有时也可以将它当作溢流阀来使用。

3)直动式外控顺序阀工作原理图及图形符号

直动式外控顺序阀的工作原理图及图形符号如图2-11所示。

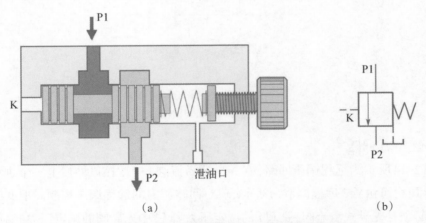

(a)   (b)

图2-11 直动式外控顺序阀工作原理图及图形符号

(a)工作原理图;(b)图形符号

它与内控顺序阀的区别在于阀芯的开闭是通过通入控制油口K的外部油压来控制的。顺序阀的实物图如图2-12所示。

图2-12 顺序阀实物图

2.4.2 压力控制回路的应用

2.4.2.1 调压回路

1）单级调压回路

如图2-13所示的液压回路的工作原理如下：

系统由定量泵供油，采用节流阀调节进入液压缸的流量，使活塞获得需要的运动速度。因为定量泵输出的流量大于液压缸的所需流量，故多余部分的油液就从溢流阀流回油箱。这时，泵的出口压力便稳定在溢流阀的调定压力上，调节溢流阀便可调节泵的供油压力，溢流阀的调定压力必须大于液压缸最大工作压力和油路上各种压力损失的总和。根据溢流阀的压力流量特性可知，在溢流量不同时，压力调定值是稍有变动的。

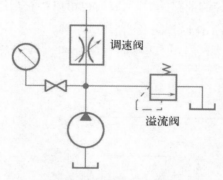

图2-13 单级调压回路

2）远程调压回路

如图2-14所示为远程调压回路，在先导式溢流阀1的远控口处接上一个远程调压阀3，则回路压力可由阀3远程调节，从而实现对回路压力的远程调压控制。但此时要求主溢流阀1必须是先导式溢流阀，且阀1的调定压力（阀1中先导阀的调定压力）必须大于阀3的调定压力，否则远程调压阀3将起不到远程调压作用。

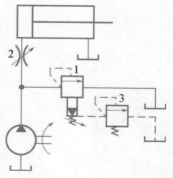

图2-14 远程调压回路

1—溢流阀；2—节流阀；3—远程调压阀

3）三级调压回路

如图2-15所示为三级调压回路。主溢流阀1的远控口通过三位四通换向阀4可以分别接到具有不同调定压力的远程调压阀2和3上。

当阀4处于左位时，阀2与阀1接通，此时回路压力由阀2调定；当阀4处于右位时，阀3与阀1接通，此时回路压力由阀3调定；当换向阀处于中位时，阀2和阀3都没有与阀1接通，此时回路压力由阀1来调定。

在上述回路中要求阀2和阀3的调定压力必须小于阀1的调定压力。其实质是用三个先导阀分别对一个主溢流阀进行控制，通过一个主溢流阀的工作，使系统得到三种不同的调定压力，并且在这三种调压情况下，通过调压回路的绝大部分流量都经过阀1的主阀阀口流回油箱，只有极少部分经过阀2、阀3或阀1的先导阀流回油箱。

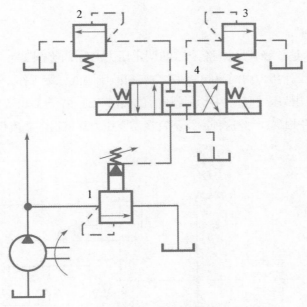

图2-15 三级调压回路

1—主溢流阀；2,3—远程调压阀；4—换向阀

2.4.2.2 减压回路

减压回路的功能在于使系统某一支路上具有低于系统压力的稳定工作压力，如在机床的工件夹紧、导轨润滑及液压系统的控制油路中常需用减压回路。

1）一级减压回路

最常见的减压回路是在所需低压的分支路上串接一个定值输出减压阀，如图2-16所示。回路中的单向阀3在主油路压力由于某种原因低于减压阀2的调定值时，用于防止油液倒流，使液压缸4的压力不受干扰而突然降低，达到液压缸4短时保压作用。

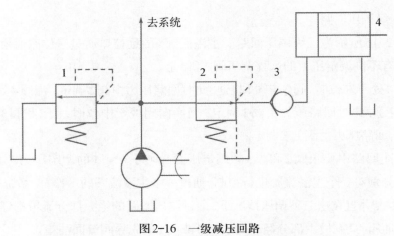

图 2-16　一级减压回路

1—溢流阀；2—减压阀；3—单向阀；4—液压缸

2）二级减压回路

如图 2-17 所示是二级减压回路，阀 3 的调定压力必须低于阀 2。

液压泵的最大工作压力由溢流阀 1 调定。要使减压阀能稳定工作，则其最低调整压力应高于 0.5 MPa，最高调整压力应至少比系统压力低 0.5 MPa。由于减压阀工作时存在阀口压力损失和泄漏口的容积损失，因此这种回路不宜在需要压力降低很多或流量较大的场合使用。

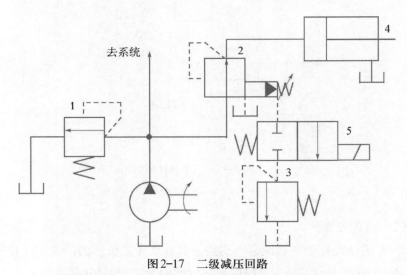

图 2-17　二级减压回路

1—溢流阀；2,3—减压阀；4—液压缸；5—二位二通换向阀

2.4.2.3　增压回路

目前，国内外常规液压系统的最高压力等级只能达到 32 ～ 40 MPa，当液压系统需要更高压力等级时，可以通过增压回路等方法实现这一要求。

增压回路用来使系统中某一支路获得比系统压力更高的压力油,增压回路中实现油液压力放大的主要元件是增压器,增压器的增压比取决于增压器大、小活塞的面积之比。

1)单作用增压器增压回路

如图2-18所示为使用单作用增压器的增压回路,它适用于单向作用力大、行程小、作业时间短的场合,如制动器、离合器等。

其工作原理如下:当换向阀处于右位时,增压器1输出压力为$p_2=p_1A_1/A_2$的压力油进入工作缸2;当换向阀处于左位时,工作缸2靠弹簧力回程,高位油箱3的油液在大气压力作用下经油管顶开单向阀向增压器1右腔补油。采用这种增压方式的液压缸不能获得连续稳定的高压油源。

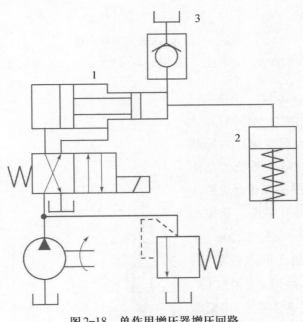

图2-18 单作用增压器增压回路

1—增压器;2—工作缸;3—高位油箱

2)双作用增压器增压回路

如图2-19所示是采用双作用增压器的增压回路,它能连续输出高压油,适用于增压行程要求较长的场合。

当工作缸4向左运动遇到较大负载时,系统压力升高,油液经顺序阀1进入双作用增压器2,增压器活塞不论向左或向右运动,均能输出高压油,只要换向阀3不断切换,增压器2就不断往复运动,高压油就连续经单向阀7或阀8进入工作缸4右腔,此时单向阀5或阀6有效地隔开了增压器的高、低压油路。工作缸4向右运动时增压回路不起作用。

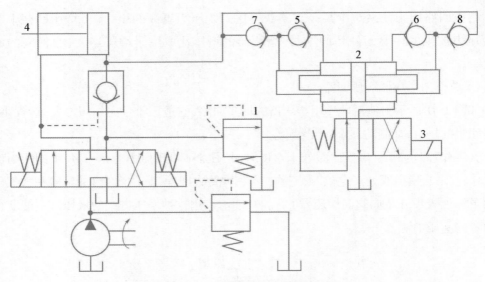

图2-19　双作用增压器增压回路

1—顺序阀；2—增压器；3—换向阀；4—工作缸；5,6,7,8—单向阀

2.4.2.4　顺序动作回路

1）顺序阀控制的顺序动作回路

如图2-20所示为顺序阀控制的顺序动作回路。工作时液压系统的动作顺序为：夹具夹紧零件—工作台进给—工作台退出—夹具松开零件。其控制回路的工作过程如下：回路工作前，夹紧缸1和进给缸2均处于起点位置，当换向阀5左位接入回路时，夹紧缸1的活塞向右运动使夹具夹紧零件，夹紧零件后会使回路压力升高到顺序阀3的调定压力，阀3开启，此时缸2的活塞才能向右运动进行切削加工；加工完毕，通过手动或操纵装置使换向阀5右位接入回路，缸2活塞先退回到左端点后，引起回路压力升高，使阀4开启，缸1活塞退回原位将夹具松开。这样就完成了一个完整的多缸顺序动作循环。

显然，这种回路动作的可靠性取决

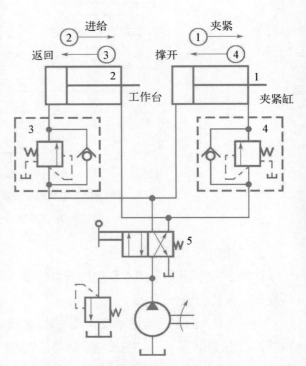

图2-20　顺序阀控制的顺序动作回路

1—夹紧缸；2—进给缸；3—顺序阀；4—顺序阀；5—换向阀

于顺序阀的性能及其压力的调定值，即每个顺序阀的调定压力必须比先动作液压缸的压力高出 0.8 ～ 1.0 MPa。否则，顺序阀易在系统压力波动中造成误动作，也就是零件未夹紧就钻孔。

由此可见，这种回路适用于液压缸数目不多、负载变化不大的场合。

2）压力控制顺序动作回路

如图2-21所示，按启动按钮，电磁铁YA1得电，电磁换向阀3的左位接入回路，缸1活塞前进到右端点后，回路压力升高，压力继电器1K动作，使电磁铁YA3得电，电磁换向阀4的左位接入回路，缸2活塞向右运动；按返回按钮，YA1、YA3同时失电，且YA4得电，使阀3中位接入回路、阀4右位接入回路，导致缸1锁定在右端点位置、缸2活塞向左运动，当缸2活塞退回原位后，回路压力升高，压力继电器2K动作，使YA2得电，阀3右位接入回路，缸1活塞后退至起点。在压力控制的顺序动作回路中，顺序阀或压力继电器的调定压力必须大于前一动作执行元件的最高工作压力的10% ～ 15%，否则在管路中的压力冲击或波动下会造成误动作，引起事故。

这种回路只适用于系统中执行元件数目不多、负载变化不大的场合。

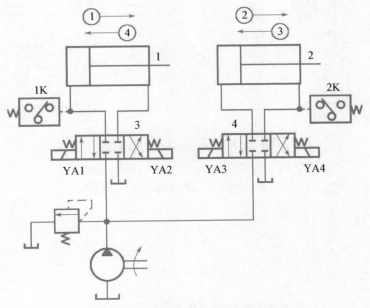

图2-21　压力继电器控制顺序动作回路

1,2—液压缸；3,4—三位四通换向阀

3）行程控制顺序动作回路

图2-22a是采用行程阀控制的多缸顺序动作回路。图示位置两液压缸活塞均退至左端点。当电磁阀3左位接入回路后，缸1活塞先向右运动，当活塞杆上的行程挡块压下行

程阀4后，缸2活塞才开始向右运动，直至两个缸先后到达右端点；将电磁阀3右位接入回路，使缸1活塞先向左退回，在运动中其行程挡块离开行程阀4后，阀4自动复位，其下位接入回路，这时缸2活塞才开始向左退回，直至两个缸都到达左端点。这种回路动作可靠，但要改变动作顺序较为困难。

图2-22b是采用行程开关控制电磁换向阀的多缸顺序动作回路。按启动按钮，电磁铁YA1得电，缸1活塞先向右运动，当活塞杆上的行程挡块压下行程开关S2后，使电磁铁YA2得电，缸2活塞才向右运动，直到压下S3，使YA1失电，缸1活塞向左退回，而后压下行程开关S1，使YA2失电，缸2活塞再退回。在这种回路中，调整行程挡块位置，可调整液压缸的行程，通过电控系统可任意改变动作顺序，方便灵活，应用广泛。

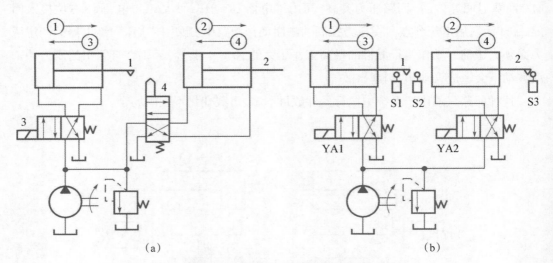

图2-22　行程控制顺序动作回路

（a）采用行程阀控制；（b）采用行程开关控制

1,2—液压缸；3—二位四通换向阀；4—行程阀

项目三　液压系统流量控制回路的设计与调试

3.1　项目要求

3.1.1　知识要求

1. 了解流量控制阀的基础原理。

2. 了解流量控制回路的特点和应用。

3.1.2　素质要求

1. 遵守现场操作的职业规范,具备安全、整洁、规范实施工作任务的能力。

2. 具有良好的职业道德、职业责任感和不断学习的精神。

3. 具有不断开拓创新的意识。

4. 以积极的态度对待训练任务,具有团队交流和协作能力。

3.1.3　能力要求

1. 具有正确选用流量控制阀的能力。

2. 具备根据任务要求,设计和调试简单流量控制回路的能力。

3.2 工作页

我们已经学习了流量控制阀的基本原理及流量控制回路的类型和应用,请您结合所学完成以下任务。

根据阀的名称,画出对应的液压图形符号。

节流阀 _____

单向节流阀 _____

调速阀 _____

了解单向阀的结构和功能。

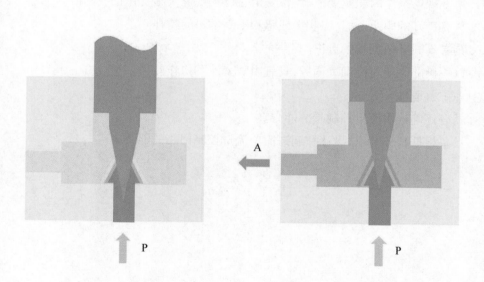

描述针阀的工作原理。

_____

_____

_____

了解可调单向节流阀的结构和功能。

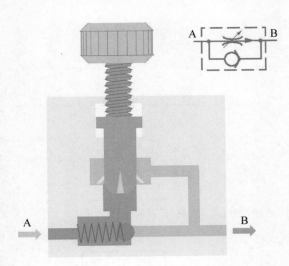

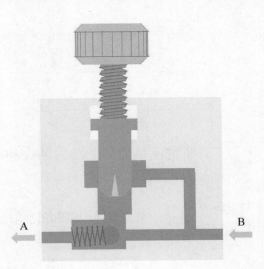

描述可调单向节流阀的操作。

_____

_____

 了解调速阀的结构和功能。

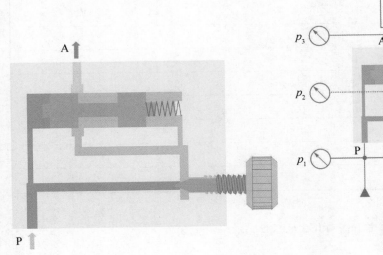

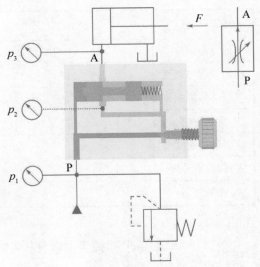

描述调速阀的操作。

_____

_____

_____

📖 了解流量控制回路的结构和特点。

✏️ 比较进油节流调速回路和回油节流调速回路的差异,将下表补充完整。

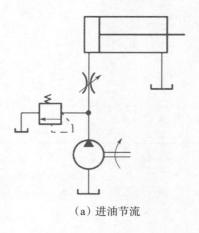

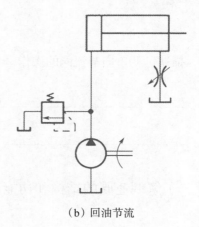

(a)进油节流　　　　　　　　　　　　　(b)回油节流

特　　　性	入　口　节　流	出　口　节　流
低速平稳性		
阀的开度与速度		
惯性的影响		
启动延时		
启动加速度		
行程终点速度		
缓冲能力		

📖 了解典型速度控制回路的结构和特点。

描述差动连接回路的工作原理。

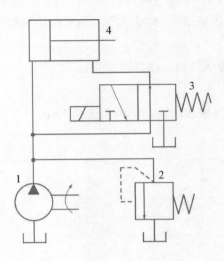

_____

_____

_____

 我们已经掌握了流量控制回路的应用，请您根据任务要求，完成工件夹紧装置流量控制回路的设计和调试。

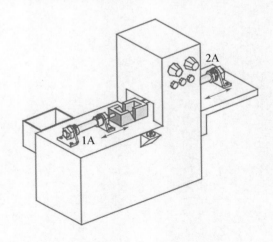

【任务描述】

如上图所示，不锈钢工件放在输入站上。按下"开始"按钮后，送料缸（2A）缩回，同时夹紧缸（1A）前进。两个液压缸运动的循环时间为 2 s，调节夹紧时间为 2 s，激光切割机进行工作。工作结束后，夹紧缸缩回，送料缸将工件送出。为避免活塞运动速度过高产生的冲击对零件和设备造成机械损害，要求液压缸活塞运动速度应可以调节。

【任务要求】

根据上述要求，设计液压缸（1A）的控制回路。

  根据任务要求，选择搭建液压回路所需要的组件，写下确切的名字。

执行元件 _____

动力元件 _____

控制元件 _____

辅助元件 _____

画出您的解决方案（液压控制回路图）。

展示您的解决方案，并与老师交流。

☐ 在实验台上搭建液压控制回路,并完成测试。

☐ 记录您在搭建和调试控制回路中出现的问题。请您说明问题产生的原因和排除方法。

问题1 _____

原因 _____

_____

排除方法 _____

_____

问题2 _____

原因 _____

_____

排除方法 _____

_____

教师签名

🔍 最后请您将自己的解决方案与其他学生的相比较,讨论出最佳的解决方案。

3.3 评价表

液压系统安装与调试过程考核评价表

班　　级		项目任务	液压系统流量控制回路的设计与调试		
姓　　名		教　　师			
学　　期		评分日期			
评分内容（满分100分）			学生自评	同学互评	教师评价
专业技能 （60分）	工作页完成进度（30）				
	对理论知识的掌握程度（10）				
	理论知识的应用能力（10）				
	改进能力（10）				
综合素养 （40分）	遵守现场操作的职业规范（10）				
	信息获取的途径（10）				
	按时完成学习及工作任务（10）				
	团队合作精神（10）				
总　　分					
综合得分 （学生自评10%、同学互评10%、教师评价80%）					

3.4 信息页

3.4.1 流量控制阀

3.4.1.1 节流阀

在液压传动系统中,节流阀是结构最简单的流量控制阀,被广泛应用于负载变化不大或对速度稳定性要求不高的液压传动系统中。节流阀节流口的形式有很多种,如图 3-1 所示为几种常见的形式。

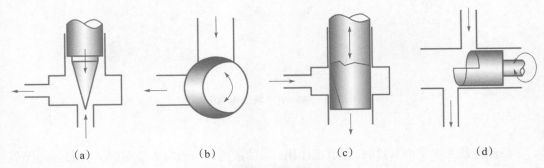

（a） （b） （c） （d）

图 3-1　常用节流阀节流口的形式

（a）针阀式；（b）偏心式；（c）三角槽式；（d）周向缝隙式

节流阀实物图及图形符号如图 3-2 所示。

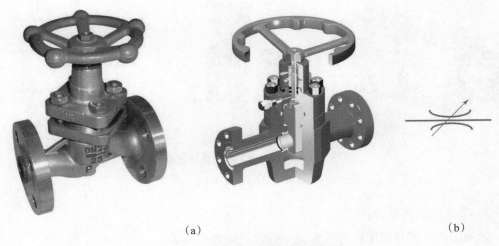

（a） （b）

图 3-2　节流阀实物图及图形符号

（a）实物图；（b）图形符号

1）单向节流阀工作原理

将节流阀与单向阀并联即构成了单向节流阀。

模块一　液压系统安装与调试

如图3-3所示为单向节流阀的工作原理图。

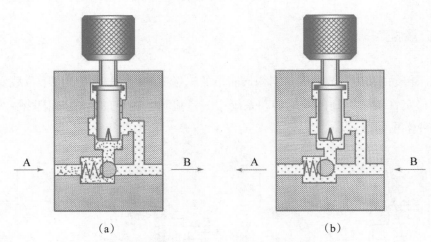

（a） （b）

图3-3　单向节流阀工作原理图

（a）有节流作用；（b）无节流作用

当油液从A口流向B口时，起节流作用；当油液由B口流向A口时，单向阀打开，无节流作用。液压系统中的单向节流阀可以单独调节执行部件某一个方向上的速度。

2）单向节流阀实物图及图形符号

单向节流阀实物图及图形符号如图3-4所示。

（a） （b）

图3-4　单向节流阀实物图及图形符号

（a）实物图；（b）图形符号

3）节流阀的流量特性

影响节流阀流量稳定性的因素主要有以下两方面：

（1）温度的影响。液压油的温度影响到油液的黏度，黏度增大，流量变小；黏度减小，流量变大。

（2）节流阀输入、输出口的压差。节流阀两端的压差和通过它的流量有固定的比例关系。压差越大，流量越大；压差越小，流量越小。节流阀的刚性反映了节流阀抵抗负载变化的干扰、保持流量稳定的能力。节流阀的刚性越大,流量随压差的变化越小;刚性越小,流量随压差的变化就越大。

普通节流阀由于刚性差,在节流开口一定的条件下通过它的工作流量受工作负载(亦即其出口压力)变化的影响,不能保持执行元件运动速度的稳定,因此只适用于工作负载变化不大和速度稳定性要求不高的场合。

3.4.1.2 调速阀

1)调速阀的特点

在液压系统中,采用节流阀调速,在节流开口一定的条件下,通过它的流量随负载和供油压力的变化而变化,无法保证执行元件运动速度的稳定性,其速度负载特性较"软",因此只适用于工作负载变化不大和速度稳定要求不高的场合。

为克服这个缺点,获得执行元件稳定的运动速度,而且不产生爬行,可采用调速阀进行调速。

调速阀是节流阀串接一个定差减压阀组合而成的。定差减压阀可以保证节流阀的前、后压差在负载变化时始终不变,这样通过节流阀的流量只由其开口大小决定。

2)调速阀的实物及图形符号

调速阀的实物及图形符号如图3-5所示。

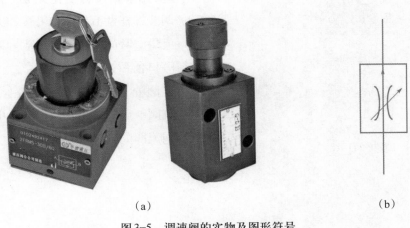

(a)   (b)

图3-5   调速阀的实物及图形符号

(a)实物图;(b)图形符号

3)调速阀的作用

用节流阀可以调节速度,但节流阀的进、出油口压力随负载变化而变化,影响节流阀流量的均匀性,使执行机构速度不稳定。那么该如何解决这一问题呢?

实际上,只要设法使节流阀进、出油口压力差保持不变,那么执行机构的运动速度也就可以相应地得到稳定。

4）调速阀的工作原理及结构

调速阀的工作原理及结构示意图如图3-6所示。

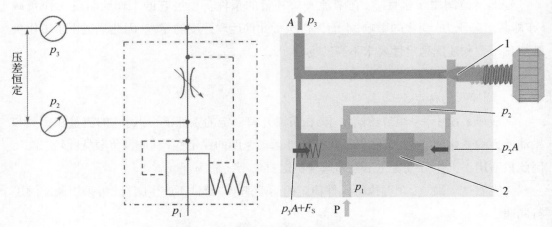

图3-6　调速阀的工作原理及结构示意图

1—节流阀；2—减压阀

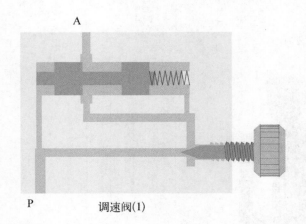

调速阀(1)

调速阀可提供恒定流量，而与其进、出油口压力变化无关。首先，通过调节螺杆调节节流口开度，以获得期望流量。其次，定差减压阀可以保证其节流口前后之间的压差恒定。图示为调速阀处于静止位置。调速阀总是与溢流阀一起使用，即多余流量可通过溢流阀流回油箱。

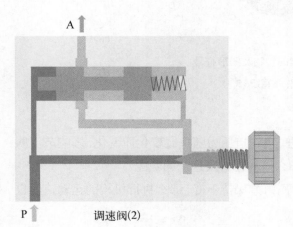

调速阀(2)

当工作油液流过调速阀时，定差减压阀可保证其节流口前后之间的压差恒定。

调速阀(3)

对于调速阀,定差减压阀可保证其节流口前后之间的压差(压力 p_1 与 p_2 之间)恒定。如果由于负载影响,压力 p_3 升高,则可以通过打开定差减压阀而使调速阀的整个流阻减小,从而使节流口前后之间的压差(压力 p_1 与 p_2 之间)恒定。

3.4.2 流量控制回路的应用

3.4.2.1 由节流阀组成的调速回路

调速回路是用来调节执行元件工作行程速度的回路。

根据节流阀在回路中的位置不同,节流调速回路分为进油路节流调速、回油路节流调速和旁油路节流调速三种。

1)进油路节流调速回路

如图3-7所示,将节流阀串联在液压泵和液压缸之间,通过调节节流阀的通流面积可以改变进入液压缸的流量,从而调节执行元件的运动速度。

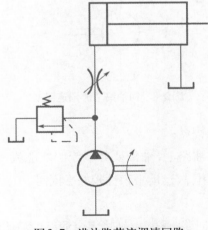

图3-7　进油路节流调速回路

进油路节流调速回路的特点:

（1）由于油液要流经节流阀后才进入液压缸，故油温高、泄漏大；又由于没有背压，所以不能在负值负载（负载方向与液压缸活塞的工作方向相同时）下工作。

（2）在使用单出杆液压缸的场合，无杆腔的进油量大于有杆腔的回油量，当通过节流阀的流量为最小稳定流量时，可使执行元件获得更低的稳定速度。

（3）因启动时进入液压缸的流量受到节流阀的控制，故可减少启动时的冲击。

（4）液压泵在恒压恒流量下工作，输出功率不随执行元件的负载和速度的变化而变化，多余的油液经溢流阀流回油箱，造成功率浪费，故效率低。

（5）进油腔的压力将随负载而变化，当工作部件碰到止挡块而停止后，节流阀出口压力急剧升高，利用这一压力变化来实现压力控制（如压力继电器）是非常方便的。

应用：在进油路节流调速回路中，工作部件的运动速度随外负载的增减而忽慢忽快，难以得到准确的速度，故适用于低速轻载的场合。

2）回油路节流调速回路

如图3-8所示，回油路节流调速回路将节流阀串联在液压缸和油箱之间，以限制液压缸的回油量，从而达到调速的目的。

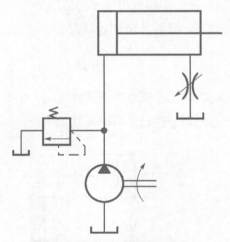

图3-8　回油路节流调速回路

回油路节流调速回路的特点：

（1）因节流阀串联在回油路上，油液要经节流阀才能流回油箱，可减少系统发热和泄漏，而节流阀又起背压作用，故运动平稳性较好。同时，节流阀还具有承受负值负载的能力。

（2）与进油路节流调速回路一样，也是将多余油液由溢流阀带走，造成功率损失，故效率低。

（3）停止后的启动冲击较大。

应用：回油路节流调速回路多用在功率不大，但载荷变化较大、运动平稳性要求较高的液压系统中，如磨削和精磨的组合机床上。

3）旁油路节流调速回路

如图3-9所示，将节流阀并联在液压泵和液压缸的分支油路上，液压泵输出的流量一部分经节流阀流回油箱，一部分进入液压缸。在定量泵供油量一定的情况下，通过节流阀的流量大时，进入液压缸的流量就小，于是执行元件运动速度减小；反之则速度增大。因此可以通过调节节流阀改变流回油箱的油量来控制进入液压缸的流量，从而改变执行元件的运动速度。

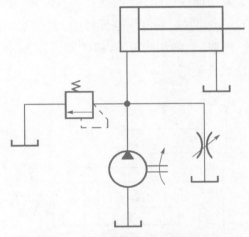

图3-9　旁油路节流调速回路

旁油路节流调速回路的特点：

（1）一方面由于没有背压而使执行元件运动速度不稳定，另一方面由于液压泵压力随负载变化而变化，故引起液压泵泄漏也随之变化，导致液压泵实际输出量的变化，这就增大了执行元件运动的不平稳性。

（2）随着节流阀开口增大，系统能够承受的最大负载将减小，即低速时承载能力小。与进油路节流调速回路和回油路节流调速回路相比，它的调速范围较小。

（3）液压泵的压力随负载而变，溢流阀无溢流损耗，所以功率利用比较经济，效率比较高。

应用：旁油路节流调速回路适用于负载变化小、对运动平稳性要求不高的高速重载的场合，如牛头刨床的主传动系统。有时候也可用在随着负载增大，要求进给速度自动减小的场合。

3.4.2.2　典型速度控制回路

在液压传动系统中，有时需要完成一些特殊的运动，比如快速运动、速度变换等，要完成这些任务,需要由特殊的控制回路来完成。

1)快速运动回路

为了提高生产效率,机床工作部件常常要求实现空行程(或空载)的快速运动。这时要求液压系统流量大而压力低,这和工作运动时一般需要的流量较小和压力较高的情况正好相反。对快速运动回路的要求主要是在快速运动时,尽量充分利用液压泵输出的流量,减小能量消耗,以提高生产率。

2)差动连接回路

这是在不增加液压泵输出流量的情况下,提高工作部件运动速度的一种快速回路。如图3-10所示为一简单的差动连接回路,换向阀处于右位时,液压缸有杆腔的回油流量和液压泵输出的流量合在一起共同进入液压缸无杆腔,使活塞快速向右运动。这种回路结构简单、应用较多,但由于液压缸的结构限制、速度加快有限,有时不能满足快速运动的要求,常常需要和其他方法联合使用。

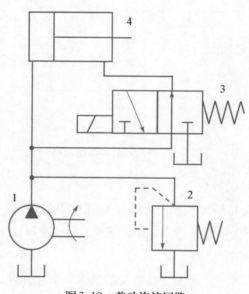

图3-10　差动连接回路

1—液压泵；2—溢流阀；3—换向阀；4—液压缸

3)双泵供油的快速运动回路

采用双泵供油的快速运动回路,在回路获得很高速度的同时,回路输出的功率较小,使液压系统功率匹配合理。

双泵供油的快速运动回路功率利用合理、效率高,并且速度换接较平稳,在快、慢速度相差较大的机床中应用广泛,缺点是要用一个双联泵,油路系统较为复杂。

如图3-11所示,在回路中用低压大流量泵1和高压小流量泵2组成的双联泵作动

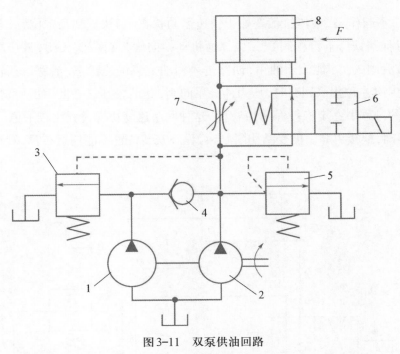

图3-11 双泵供油回路

1—低压大流量泵；2—高压小流量泵；3—卸荷阀；4—单向阀；5—溢流阀；

6—换向阀；7—节流阀；8—液压缸

力源；外控顺序阀3（卸荷阀）和溢流阀5分别设定双泵供油和小流量泵2供油时系统的最高工作压力。当换向阀6处于图示位置，由于空载时负载很小、系统压力很低，如果系统压力低于卸荷阀3调定压力时，阀3处于关闭状态，低压大流量泵1的输出流量顶开单向阀4，与泵2的流量汇合实现两个泵同时向系统供油，活塞快速向右运动，此时尽管回路的流量很大，但由于负载很小、回路的压力很低，所以回路输出的功率并不大；当换向阀6处于右位，由于节流阀7的节流作用，造成系统压力达到或超过卸荷阀3的调定压力，使阀3打开，导致大流量泵1经过阀3卸荷，单向阀4自动关闭，将泵2与泵1隔离，只有高压小流量泵2向系统供油，活塞慢速向右运动，溢流阀5处于溢流状态，保持系统压力基本不变，此时只有高压小流量泵2在工作。大流量泵1卸荷，减少了动力消耗，回路效率较高。

3.4.2.3 速度换接回路

速度换接回路用于执行元件实现两种不同速度之间的切换，这种速度换接分为快速—慢速之间换接和慢速—慢速之间换接两种形式。对速度换接回路的要求是：具有较高的换接平稳性及速度换接精度。

1）快速与慢速之间的速度换接回路

采用行程阀（或电磁阀）的速度换接回路，如图3-12所示，当换向阀4处于图示位置时，节流阀2不起作用，液压缸活塞处于快速运动状态，当快进到预定位置，与活塞杆刚性相连的行程挡铁压下行程阀1（二位二通机动换向阀），行程阀关闭，液压缸右腔油液必须通过节流阀2后才能流回油箱，回路进入回油节流调速状态，活塞运动转为慢速工进。当换向阀4左位接入回路时，压力油经单向阀3进入液压缸右腔，使活塞快速向左返回，在返回的过程中逐步将行程阀1放开。这种回路速度切换过程比较平稳，冲击小，换接点位置准确，换接可靠。但受结构限制，行程阀安装位置不能任意布置，管路连接较为复杂。

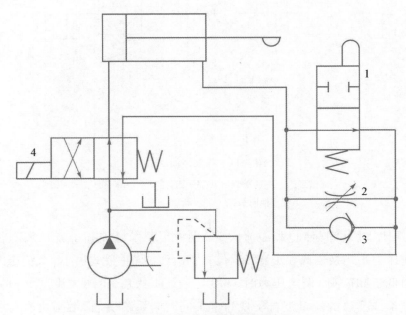

图3-12　用行程阀的速度换接回路

1—行程阀；2—节流阀；3—单向阀；4—换向阀

2）两种慢速之间的速度换接回路

对于某些自动机床、注塑机等，需要在自动工作循环中变换两种以上的工作进给速度。这时需要采用两种（或多种）工作进给速度的换接回路。

如图3-13所示为用两个调速阀来实现两种工作进给速度换接的回路。

图3-13a所示为两个调速阀串联的速度换接回路。图中液压泵输出的压力油经调速阀3和电磁换向阀5左位进入液压缸，这时的流量由调速阀3控制。当需要第二种工作进给速度时，电磁换向阀5通电，其右位接入回路，则液压泵输出的压力油先经调速阀3，再经调速阀4进入液压缸，这时的流量应由调速阀4控制，两个调速阀串联在回路中，调速阀4的节流口应调得比调速阀3小，否则调速阀4的速度换接回路将不起作用。这种回路在工作时，调速阀3一直工作，它限制着进入液压缸或调速阀4的流量，因此，在速度换接时

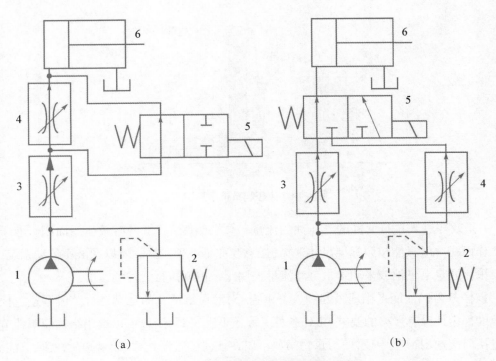

图3-13　用两个调速阀的速度换接回路

（a）两个调速阀串联的速度换接回路；（b）两个调速阀并联的速度换接回路

1—液压泵；2—溢流阀；3,4—调速阀；5—换向阀；6—液压缸

不会使液压缸产生前冲现象，换接平稳性较好。在调速阀4工作时，油液需流经两个调速阀，故能量损失较大。

　　图3-13b所示是两个调速阀并联的速度换接回路。液压泵输出的压力油经调速阀3和电磁换向阀5左位进入液压缸。当需要第二种工作进给速度时，电磁换向阀5通电，其右位接入回路，液压泵输出的压力油经调速阀4和电磁换向阀5右位进入液压缸。这种回路中两个调速阀的节流口可以单独调节，互不影响，即第一种工作进给速度和第二种工作进给速度相互间没有什么限制。但一个调速阀工作时，若另一个调速阀中没有油液通过，那么它的减压阀则处于完全打开的位置，在速度换接开始的瞬间不能起减压作用，容易出现部件突然前冲的现象。

3.4.2.4　调速回路应用实例

　　如图3-14所示为一小型车载液压起重机。重物的吊起和放下通过一个双作用液压缸的活塞杆伸出和缩回来实现。为保证能平稳地吊起和放下重物，对液压缸活塞的运动速度必须进行一定的调节。

　　该任务执行元件采用液压缸。液压缸活塞的运动速度$v=q/A$，式中q为进入液压缸油液的流量，A为液压缸活塞的有效作用面积。因此要改变执行部件的运动速度，有两种方

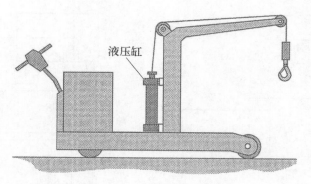

图 3-14　液压起重机示意图

法：一是改变进入执行元件的液压油的流量；二是改变液压缸的有效作用面积。液压缸的工作面积一般只能按照标准尺寸选择，任意改变是不现实的。所以在液压传动系统中，主要采用变量泵供油或采用定量泵和流量控制阀来控制执行元件的速度。

该任务为保证能平稳地吊起和放下重物，对液压缸活塞的运动进行节流调速。任务对速度稳定性没有严格的要求，工作条件又属于低速轻载，所以可以选用结构简单的节流阀。换向阀选用 M 型中位，使得重物吊放可以在任何位置停止，并让泵卸荷，实现节能。

但在液压缸活塞伸出放下重物时，重物对液压缸来说是一个负值负载。为防止活塞不受节流控制、快速冲出，可以利用顺序阀产生的平衡力来支承负载。这种回路我们称为平衡回路，如图 3-15 所示。

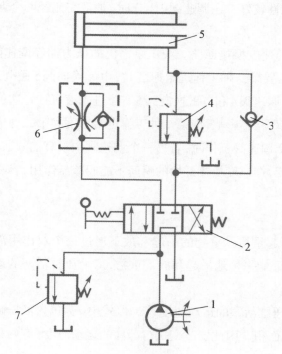

图 3-15　车载起重机液压控制回路

1—液压泵；2—三位四通手动换向阀；3—单向阀；4—顺序阀；5—液压缸；6—单向节流阀；7—溢流阀

项目四　液压系统逻辑控制回路的设计与调试

4.1　项目要求

4.1.1　知识要求

1. 了解逻辑控制阀的基础原理。

2. 了解逻辑控制回路的特点和应用。

4.1.2　素质要求

1. 遵守现场操作的职业规范，具备安全、整洁、规范实施工作任务的能力。

2. 具有良好的职业道德、职业责任感和不断学习的精神。

3. 具有不断开拓创新的意识。

4. 以积极的态度对待训练任务，具有团队交流和协作能力。

4.1.3　能力要求

1. 具有正确选用逻辑控制阀的能力。

2. 具备根据任务要求，设计和调试简单逻辑控制回路的能力。

4.2　工作页

📖 我们已经学习了逻辑控制阀的基本原理及逻辑控制回路的类型和应用,请您结合所学完成以下任务。

📖 了解梭阀的结构和功能。

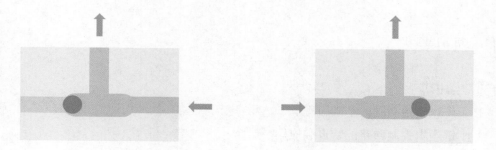

✏️ 描述梭阀的操作。

_____

_____

_____

📖 了解逻辑控制回路的结构和特点。

✏️ 根据回路的特性,将回路图右边的逻辑表补充完整。

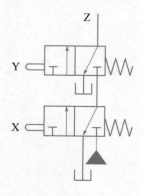

X	Y	Z

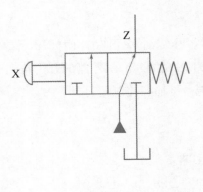

X	Z

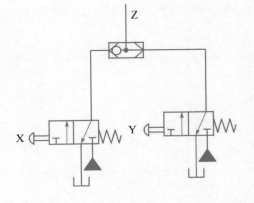

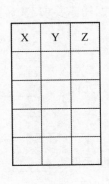

X	Y	Z

我们已经掌握了逻辑控制回路的应用，请您根据任务要求，完成门控装置逻辑控制回路的设计和调试。

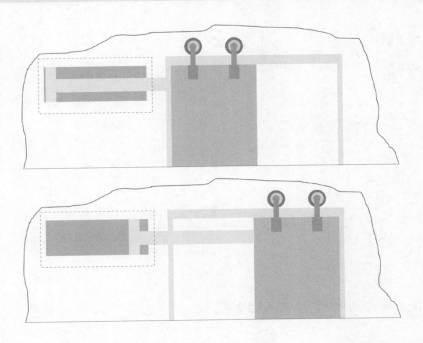

【任务描述】

利用一个液压缸对门进行开关控制。液压缸活塞杆伸出，门打开；活塞杆缩回，门关闭。门内侧的开门按钮和关门按钮分别为1S1和1S2；门外侧的开门按钮和关门按钮分别为1S3和1S4。1S1、1S3中的任一按钮按下，都能控制门打开；1S2、1S4中的任一按钮按下，都能让门关闭。

【任务要求】

根据上述要求，设计门控装置的控制回路。

根据任务要求，选择搭建液压回路所需要的组件，写下确切的名字。

执行元件 _____

动力元件 _____

控制元件 _____

辅助元件 _____

画出您的解决方案（液压控制回路图）。

展示您的解决方案，并与老师交流。

☐ 在实验台上搭建液压控制回路,并完成测试。

☐ 记录您在搭建和调试控制回路中出现的问题。请您说明问题产生的原因和排除方法。

问题1 _____

原因 _____

_____

排除方法 _____

_____

问题2 _____

原因 _____

_____

排除方法 _____

_____

教师签名

∽ 最后请您将自己的解决方案与其他学生的相比较,讨论出最佳的解决方案。

4.3 评价表

液压系统安装与调试过程考核评价表

班　　级		项目任务	液压系统逻辑控制回路的设计与调试		
姓　　名		教　　师			
学　　期		评分日期			
评分内容（满分100分）			学生自评	同学互评	教师评价
专业技能 （60分）	工作页完成进度（30）				
	对理论知识的掌握程度(10)				
	理论知识的应用能力(10)				
	改进能力(10)				
综合素养 （40分）	遵守现场操作的职业规范（10）				
	信息获取的途径（10）				
	按时完成学习及工作任务（10）				
	团队合作精神（10）				
总　　分					
综合得分 （学生自评10%、同学互评10%、教师评价80%）					

4.4　信息页

4.4.1　梭阀

　　梭阀相当于两个单向阀的组合阀,如图4-1所示,梭阀有两个输入口1(3)和一个输出口2。

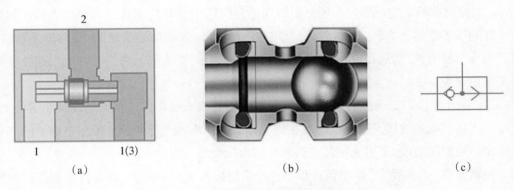

图4-1　梭阀工作原理及实物图

(a)原理图;(b)实物图;(c)图形符号

　　当两个输入口中的任何一个有输入信号时,输出口就有输出,从而实现了逻辑"或"门的功能。当两个输入信号压力不等时,梭阀则输出压力高的那个。

4.4.2　逻辑阀(插装阀)

　　逻辑阀是以标准的逻辑元件按需要插入阀体内的孔中,并配以不同的先导阀而形成各种控制阀甚至整个控制系统,因此也叫插装阀。

　　逻辑阀具有体积小、功率损失小、动作快、易于集成等优点,因而特别适用于大流量液压系统的控制和调节。

　　逻辑阀的基本核心元件是插装元件,将一个或若干个插装元件进行不同组合,并配以相应的先导控制级,可以组成方向控制、压力控制、流量控制或复合控制单元(阀)。

　　1)插装阀的分类

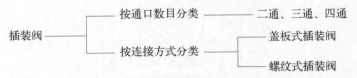

　　其中,二通插装阀为单液阻的两个主油口接到工作系统或其他插装阀,三通插装阀的三个油口分别为压力油口、负载油口和油箱油口,四通插装阀的四个油口分别为一个压力油口、一个接油箱油口和两个负载油口。

2）二通插装阀的构成

其主要构件有插装元件（逻辑元件）、控制盖板、先导控制阀。但插装阀本身没有阀体，所以插装阀液压系统必须将插装阀安装连接在油路块（也称集成块）。

（1）插装元件（逻辑阀单元）。此为插装式结构，用来控制主油路的液流方向、压力和流量；它由阀芯、阀套、弹簧和密封件组成。

（2）控制盖板。它起固定和密封逻辑阀单元的作用，同时，它还起连接插入元件和先导元件的桥梁作用，内嵌节流螺塞、微型先导控制元件、安装先导控制阀、位移传感器、行程开关等电器附件，沟通控制油路和主阀控制腔的联系，同先导元件一起构成二通插装阀的先导控制级。

（3）先导元件。二通插装阀的控制级，一般以板式或叠加式连接安装在控制盖板上，也有一些以插入式连接安装在控制盖板内或插装阀体内。先导元件一般由电磁换向阀和各种先导控制阀组成，是用来控制主阀动作的小孔径液压阀。

逻辑元件、先导元件、控制盖板目前已经实现标准化和系列化，在设计中根据控制要求选择不同的标准件即可。

3）逻辑阀的工作原理

如图4-2所示为逻辑换向阀锥阀式元件结构原理图。A、B为两工作接口，C为控制接口。锥阀的工作状态不仅取决于控制口C的压力，而且还取决于工作油口A、B的压力，以及弹簧力和液动力。当C口接油箱卸荷时，阀芯下部液压力克服上部弹簧力将阀芯打开。而液流方向视A、B口液压力的大小而定：当B口压力大于A口压力时，液流由B→A；当A口压力大于B口压力时，液流由A→B。当C口接压力油路时，阀芯在上、下端压力差和弹簧的作用下关闭，油口A、B不通。

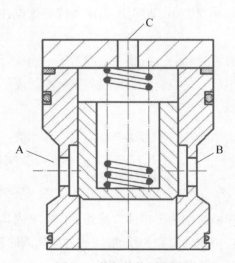

图4-2　锥阀结构原理图

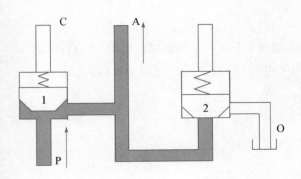

锥阀1开启，锥阀2关闭，则P、A相通，A通压力油。

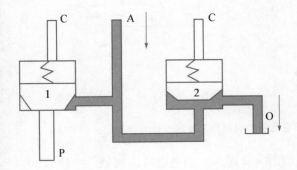

锥阀1关闭，锥阀2开启，则A、O相通，A回油。

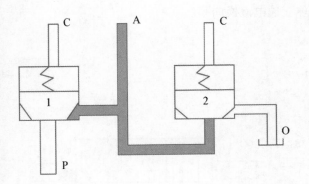

锥阀1、2关闭，则P、A、O不通，A封闭，起支撑保压作用。

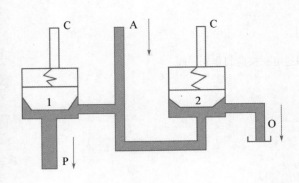

锥阀1、2开启，则P、A、O相通，系统卸荷。

模块一 液压系统安装与调试

4.4.3　逻辑控制回路的应用

采用二位四通电磁换向阀作为先导阀,如图4-3所示。当电磁断电时,A、O相通,A回油;当电磁通电,P、A相通,A进油。其作用相当于一个二位三通电液换向阀。

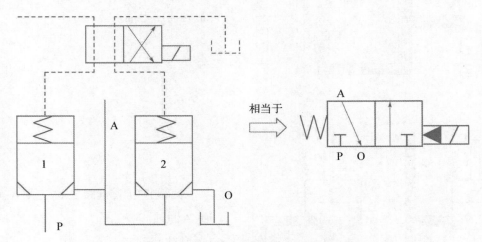

图4-3　采用二位四通电磁换向阀作先导阀

采用三位四通电磁换向阀作为先导阀,如图4-4所示。当电磁换向阀处于中位时,P、A、O均不相同,A封闭;当电磁铁2CT通电时,A、O相通,A回油;当电磁铁1CT通电时,P、A相通,A进油。其作用相当于一个三位三通电液换向阀。

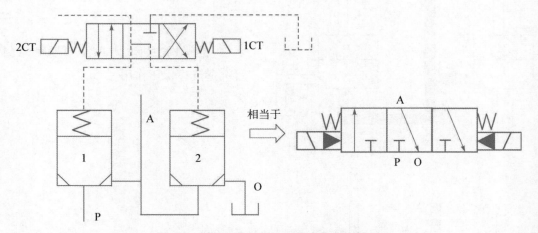

图4-4　采用三位四通电磁换向阀作先导阀

项目五　电气、液压综合控制回路的设计与调试

5.1　项目要求

5.1.1　知识要求

1. 了解电气元器件的基础原理。

2. 了解电气控制功能图的原理。

3. 了解电气、液压综合控制回路的特点和应用。

5.1.2　素质要求

1. 遵守现场操作的职业规范,具备安全、整洁、规范实施工作任务的能力。

2. 具有良好的职业道德、职业责任感和不断学习的精神。

3. 具有不断开拓创新的意识。

4. 以积极的态度对待训练任务,具有团队交流和协作能力。

5.1.3　能力要求

1. 具有正确选用电气元器件的能力。

2. 具备制作电气控制功能图的能力。

3. 具备根据任务要求,设计和调试简单电气、液压综合控制回路的能力。

5.2 工作页

 我们已经学习了电气元器件的基本原理，以及电气、液压综合控制回路的类型和应用，请您结合所学完成以下任务。

 画出下面元件的符号表示图。

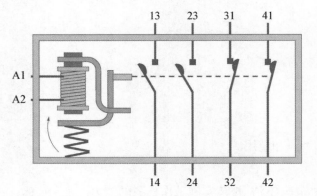

 时间继电器有哪两种？各有什么特点？

1._____

_____

2._____

_____

 请绘出导通延时的时间继电器的简化图示符号，该继电器带有一组常开触点和一组常闭触点。并标出触点的编号。

_____

_____

_____

_____

请描述下面的符号表示了怎样的电气元件。

```
⊠ A1 ┤17  ┤27      ■□ A1 ┤17  ┤27
  A2  18   28          A2  18   28
```

_____

_____

_____

 请绘出传感器的职能符号，并描述其使用特性。

磁性接近开关		_____ _____
电容式传感器		_____ _____
对射式光电传感器		_____ _____

我们已经掌握了电气、液压综合控制回路的应用,请您根据任务要求,完成小型液压钻孔设备电气、液压综合控制回路的设计和调试。

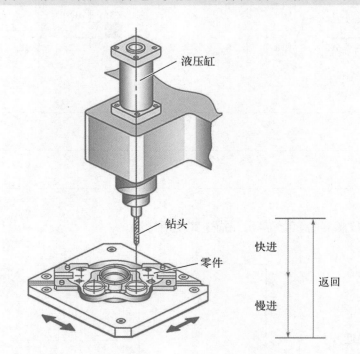

【任务描述】

小型钻孔设备钻头的升降由一个双作用液压缸控制。为保证钻孔质量,要求钻孔时钻头下降速度稳定,不受切削量变化产生的进给负载变化的影响且可以根据要求调节。按下按键,液压缸带动钻头向下快速运动,当钻头接近工件表面时,钻头运动速度由快进转换为工进(慢进)。当钻头完成加工工序后,液压缸带动钻头复位。

【任务要求】

根据上述要求,设计用传感器控制双作用液压缸"快进→慢进→返回"的控制回路。

根据任务要求,选择搭建液压回路所需要的组件,写下确切的名字。

执行元件 _____

动力元件 _____

控制元件 _____

辅助元件 _____

画出您的解决方案（液压控制回路图）。

 展示您的解决方案，并与老师交流。

 画出动作流程图。

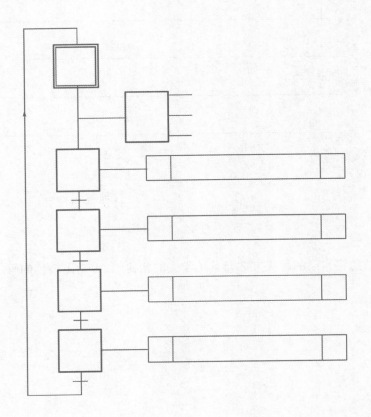

☐ 在实验台上搭建液压控制回路,并完成测试。

☐ 记录您在搭建和调试控制回路中出现的问题。请您说明问题产生的原因和排除方法。

问题1 _____

原因 _____

_____

排除方法 _____

_____

问题2 _____

原因 _____

_____

排除方法 _____

_____

教师签名

∾ 最后请您将自己的解决方案与其他学生的相比较,讨论出最佳的解决方案。

5.3 评价表

液压系统安装与调试过程考核评价表

班　　级		项目任务	电气、液压综合控制回路的设计与调试		
姓　　名		教　　师			
学　　期		评分日期			
评分内容（满分100分）			学生自评	同学互评	教师评价
专业技能 （60分）	工作页完成进度（30）				
	对理论知识的掌握程度(10)				
	理论知识的应用能力(10)				
	改进能力(10)				
综合素养 （40分）	遵守现场操作的职业规范（10）				
	信息获取的途径（10）				
	按时完成学习及工作任务(10)				
	团队合作精神（10）				
总　　分					
综合得分 （学生自评10%、同学互评10%、教师评价80%）					

5.4　信息页

5.4.1　电气控制元件

5.4.1.1　稳压电源

稳压电源是将电网上的交流电压转换成电气控制系统所需的直流电压,一般稳压电源由三部分组成:① 变压器将电网提供的交流电压变换成规定的交流电压。② 由桥式整流电路 G 和电容 C 组成的整流器将 24 V 交流电压变换成 24 V 直流电压。③ 滤波器将已整流的还带有脉动的直流电变成平滑的直流电。

5.4.1.2　电气信号输入元件

在电气控制线路中,按钮开关是必需的电气元件之一,通常把它们作为启动、停止等动作的信号输入元件。一般分为按钮开关式和锁定开关式,其工作原理是相似的。

1) 常开式按钮开关

如图 5-1 所示是常开式按钮开关的结构原理图。按下操作端后,开关片将两个接线端接通,电路导通;松开操作端后,利用弹簧的作用,开关片恢复到原来的状态,电路断开。

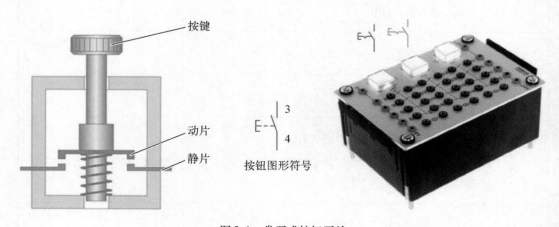

图 5-1　常开式按钮开关

2) 常闭式按钮开关

如图 5-2 所示是常闭式按钮开关的结构原理图。按下操作端后,开关片脱离两个接线端,电路断开;松开操作端后,利用弹簧的作用,开关片恢复到原来的状态,电路导通。

3) 转换型按钮开关

如图 5-3 所示是带有一副常开接线端和另一副常闭接线端的转换型按钮开关。按下操作端后,常开接线端闭合,常闭接线端断开;松开操作端后,常开接线端断开,常闭接线端恢复闭合。

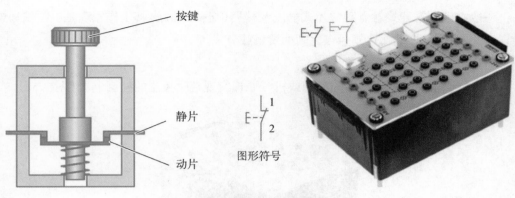

图5-2 常闭式按钮开关

图5-3 转换型按钮开关

4）继电器

在电气控制线路中，继电器是必需的电气元件之一，通常把它作为传递信号电流的元件（图5-4）。

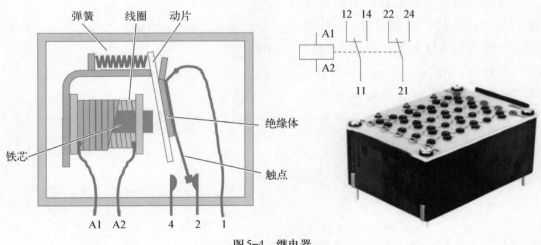

图5-4 继电器

一般它带有常开式触点和常闭式触点及转换（交替）触点，其工作原理是电磁铁通电吸合衔铁，通过杠杆动作达到触点之间的接触或分离。

5）延时继电器

延时继电器是一种利用电磁原理或机械原理实现延时控制的控制电器（图5-5）。

图5-5　延时继电器

延时断开触点：　　　　　　　　　　　　　延时接通触点：

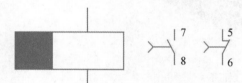　　　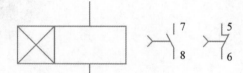

6）压力继电器

压力继电器是利用油液的压力来启闭电气触点的液压电气转换元件。

（柱塞式）压力继电器的结构和图形符号如图5-6所示，当进油口P处油液压力达到压力继电器的调定压力时，作用在柱塞1上的液压力通过顶杆2的推动，合上微动电器开关3，发出电信号。图中，L为泄油口。改变弹簧的压缩量，可以调节继电器的动作压力。

图5-6　（柱塞式）压力继电器
1—柱塞；2—顶杆；3—微动电器开关

5.4.1.3 传感器

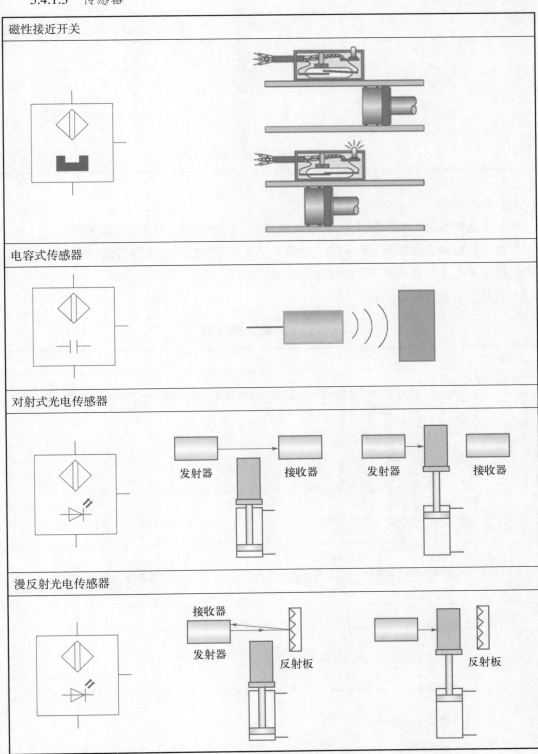

磁性接近开关

电容式传感器

对射式光电传感器

发射器　　　接收器　　　发射器　　　接收器

漫反射光电传感器

接收器
发射器　　反射板　　　　　　　反射板

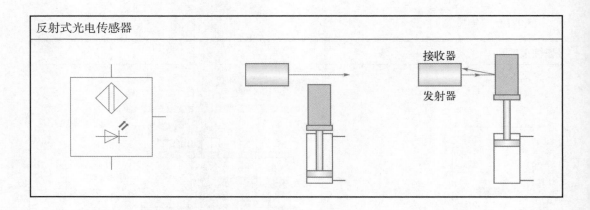

反射式光电传感器

5.4.2　功能图

为了能够解决一个控制任务,必须要制作一个清晰的和一目了然的功能图。

这个功能图应该被不同职业的人理解并且还不考虑控制的实际实施。这个控制可以用气动或者电动或者一种其他的控制方式来实施。

图形的示意图符号见表5-1。

表5-1　图形的示意图符号

起始步	
▢	起始步给出控制设备的静止状态或者输出状态。在控制的一个连续过程之后,所有的元器件必须重新位于它们的输出位置
一般步	
3	一个控制的个别步大多用数字表示,这里起始步得到号码1
过渡符号	
┼ S2	在两个步之间将给出用于引出下一步的条件,例如:开关2在控制过程中引出下一步
有效连接	
│	有效连接如果没有箭头,那么过程是从上至下
↑	箭头显示过程从下至上

用于指令的基本符号

通过一个控制的每个步将释放指令，如同在指令格子中精确说明的那样。

指令格子如下构成：

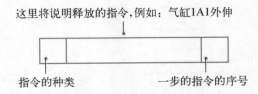

对此应用下面的缩写：

S   存储的信号

例如：不带弹簧回复的阀门

N   不存储的信号

例如：带有弹簧回复的阀门

D   延迟

例如：延时元件

【案例】

如图5-7所示，如果传感器1B1报告液压缸1A1已经内缩并且按键S1动作，那么液压缸1A1才外伸。一个脉冲控制的5/2-换向阀用作调节元件。

如果液压缸1A1外伸，传感器1B2将动作。

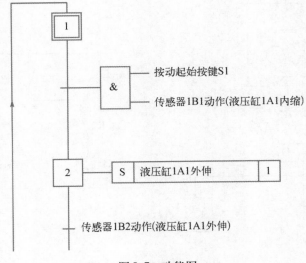

图5-7 功能图

5.4.3 电气、液压综合控制回路的应用

1）液压进油节流调速电控回路

液压进油节流调速电控回路如图5-8所示。

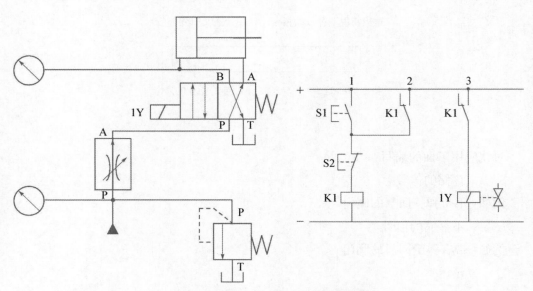

图5-8　液压进油节流调速电控回路

2）液压压力电控回路

液压压力电控回路如图5-9所示。

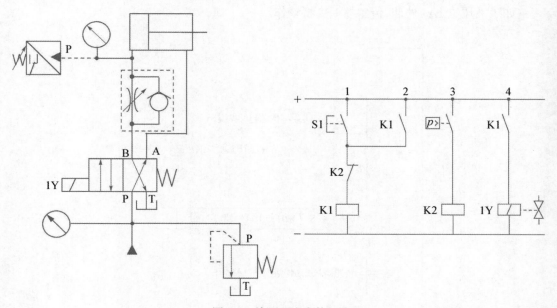

图5-9　液压压力电控回路

3）液压缸顺序动作电控回路

液压控制回路如图5-10所示。

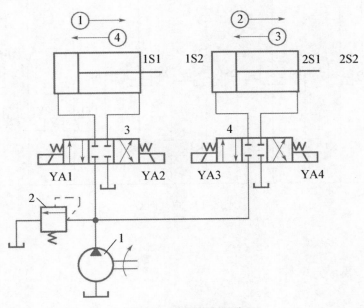

图5-10　液压控制回路

1—液压泵；2—溢流阀；3,4—三位四通换向阀

动作流程图如图5-11所示。

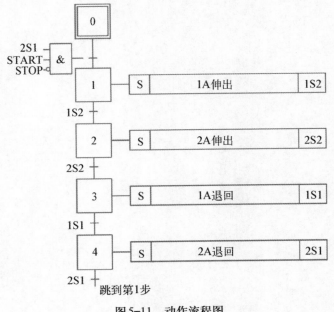

图5-11　动作流程图

电气回路如图5-12所示。

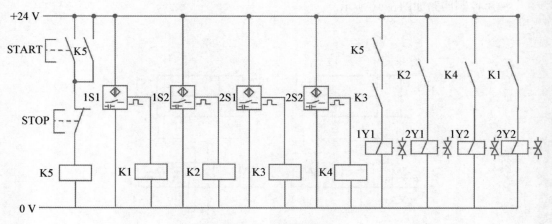

图5-12　电气回路

项目考核
综合评价表（一）

班　　级		模块名称	液压系统安装与调试
姓　　名		教　　师	
学　　期		评分日期	

项 目 及 内 容		评 价 得 分
项 目 一	液压系统方向控制回路的设计与调试	
项 目 二	液压系统压力控制回路的设计与调试	
项 目 三	液压系统流量控制回路的设计与调试	
项 目 四	液压系统逻辑控制回路的设计与调试	
项 目 五	电气、液压综合控制回路的设计与调试	
综合得分 （每个项目各占20%）		

模块一　液压系统安装与调试

气动系统安装与调试

气动系统控制回路搭建与调试
安全操作规程

◆ 熟悉并掌握实验系统的结构、性能、操作方法，以及使用这些设备时应遵守的安全技术规程。

◆ 气动设备的启动和停止，必须得到指导教师的指令方可操作。

◆ 气动设备启动前应检查：

- ■ 气压是否达到要求。
- ■ 管线是否连接好。

◆ 气动设备启动后应检查：

- ■ 气压的变化。
- ■ 设备的运转情况，如发现异常情况应采取紧急措施进行处理。

◆ 气动系统在设计压力范围内工作，严禁随便提升压力。

◆ 注意气动系统中阀门的开关顺序：先开低压，后开高压；先关高压，后关低压。操作时应缓慢进行，以防管路产生冲击。

◆ 正确地将元件插在安装板上。

◆ 首先将所有的管线连接好，检查无误后才接通压缩空气。

◆ 在有压力的情况下，拆卸某软管，应握紧软管的端头。

项目六　气动系统方向控制回路的设计与调试

6.1　项目要求

6.1.1　知识要求

1. 了解气动系统的基本组成。

2. 了解方向控制阀的基础原理。

3. 了解气缸的工作原理。

4. 了解方向控制回路的类型和应用。

6.1.2　素质要求

1. 遵守现场操作的职业规范,具备安全、整洁、规范实施工作任务的能力。

2. 具有良好的职业道德、职业责任感和不断学习的精神。

3. 具有不断开拓创新的意识。

4. 以积极的态度对待训练任务,具有团队交流和协作能力。

6.1.3　能力要求

1. 具有正确识别气动系统各组成部分的能力。

2. 具备正确选用方向阀的能力。

3. 具备正确选用气缸的能力。

4. 具备根据任务要求,设计和调试简单方向控制回路的能力。

6.2 工作页

 我们已经学习了气动系统的基本组成、方向阀的基本原理，以及方向控制回路的类型和应用，请您结合所学完成以下任务。

 在气动系统示意图上填写各组成部分的名称。

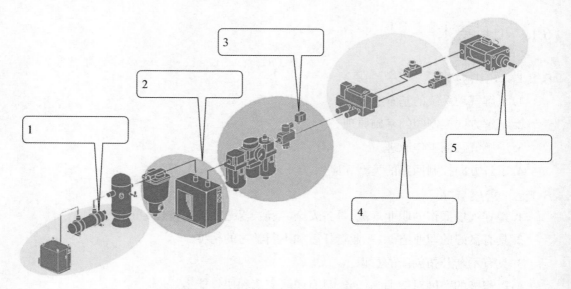

请您与小组成员讨论后，描述上述各组成部分的功用。

1. _____

2. _____

3. _____

4. _____

5. _____

完成以上任务，请与教师交流。

在三联件示意图上填写相应组成部分的名称。

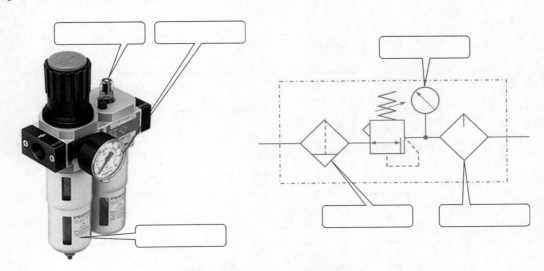

 请您与小组成员讨论后,描述三联件的作用。

_____

_____

_____

 完成以上任务,请与教师交流。

 在气管接头示意图上填写相应组成部分的名称。

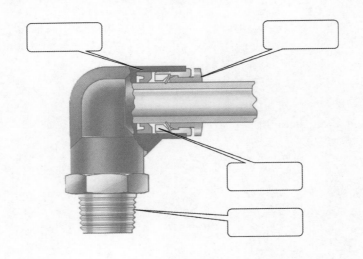

模块二 气动系统安装与调试

描述气管接头各组成部分的作用。

_____

_____

_____

 在气缸示意图上填写各组成部分的名称。

组件名称：_____

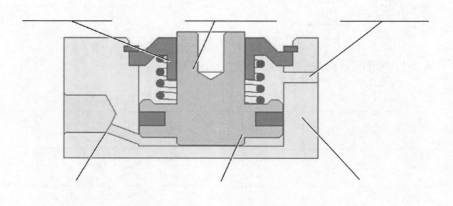

 画出单作用气缸的图形符号。

说明单作用气缸的工作原理。

_____

_____

_____

 在气缸示意图上填写各组成部分的名称。

组件名称_____

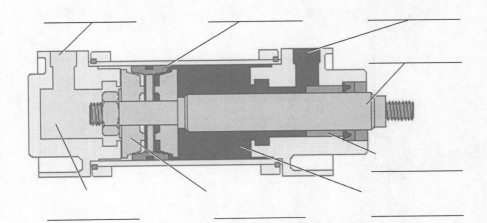

_____   _____   _____

 画出双作用气缸的图形符号。

说明双作用气缸的工作原理。

_____

_____

_____

 对双作用气缸作出叙述。

没有驱动阀   驱动阀

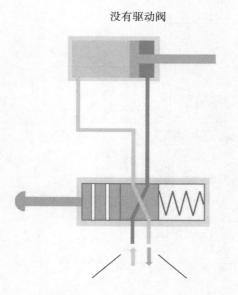 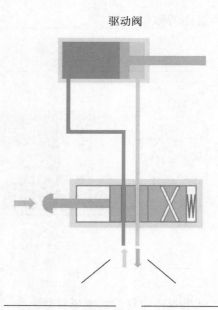

_____   _____

 请您与小组成员讨论后,描述上述双作用气缸是如何工作的。

_____

_____

_____

_____

_____

_____

说明方向控制阀工作口数字/字母的含义。

1 = _____

4,2 = _____

5,3 = _____

14,12 = _____

 填补方向阀元件符号/名称。

二位三通 _____ 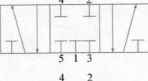 _____

二位四通 _____ _____

二位五通 _____ _____

 填补方向阀的控制类型。

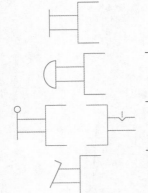

请您与小组成员讨论后,描述下图中方向阀是如何进行控制的。

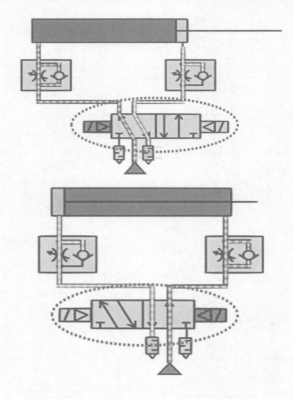

_____

_____

_____

在指定的组件和连接处填补示意图。

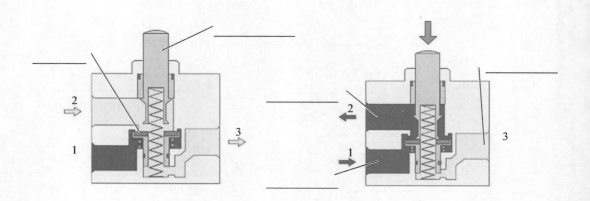

根据上述图形,画出标准的气动符号。

描述上述3/2阀的操作。

_____

_____

_____

 在指定的组件和连接处填补示意图。

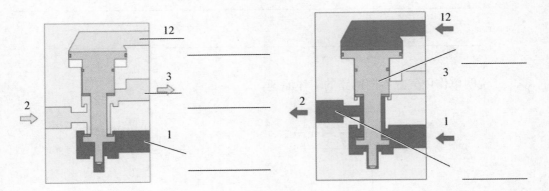

根据上述图形,画出标准的气动符号。

被压缩的空气的路径如何由数字来表征?

_____

_____

_____

图形符号中的正方形表示什么?

_____

_____

描述上述3/2阀的操作。

_____

_____

_____

 说明单作用气缸换向回路的工作原理。

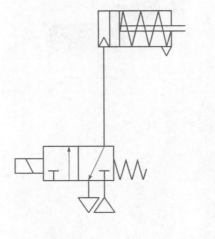
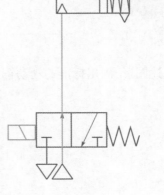

_____

_____

说明双作用气缸换向回路的工作原理。

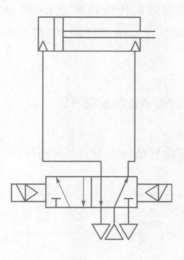

_____

_____

_____

 我们已经掌握了气动系统的基础知识及方向控制回路的应用,请您根据任务要求,完成工件转运装置方向控制回路的设计和调试。

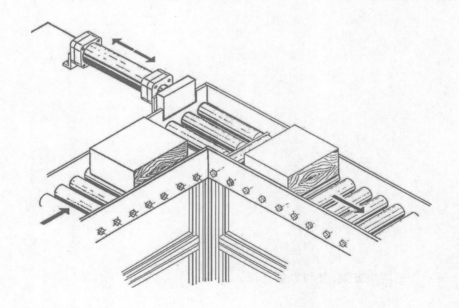

【任务描述】

利用一个双作用气缸,将某方向传送装置送来的木料推送到与其垂直的传送装置上进一步加工。通过一个按钮使气缸活塞杆伸出,将木块推出;松开按钮,气缸活塞杆缩回。

【任务要求】

根据任务描述,设计零件转运装置的控制回路。

根据任务要求,选择搭建气动回路所需要的组件,写下确切的名字。

执行元件 _____

动力元件 _____

控制元件 _____

辅助元件 _____

画出您的解决方案(气动控制回路图)。

展示您的解决方案,并与教师交流。

☐ 在实验台上搭建气动控制回路，并完成测试。

☐ 记录您在搭建和调试控制回路中出现的问题。请您说明问题产生的原因和排除方法。

问题1 _____

原因 _____

_____

排除方法 _____

_____

问题2 _____

原因 _____

_____

排除方法 _____

_____

教师签名

👓 最后请您将自己的解决方案与其他学生的相比较，讨论出最佳的解决方案。

6.3 评价表

气动系统安装与调试过程考核评价表

班　　级		项目任务	气动系统方向控制回路的设计与调试		
姓　　名		教　　师			
学　　期		评分日期			
评分内容（满分100分）			学生自评	同学互评	教师评价
专业技能 （60分）	工作页完成进度（30）				
	对理论知识的掌握程度（10）				
	理论知识的应用能力（10）				
	改进能力（10）				
综合素养 （40分）	遵守现场操作的职业规范（10）				
	信息获取的途径（10）				
	按时完成学习及工作任务（10）				
	团队合作精神（10）				
总　　分					
综合得分 （学生自评10%、同学互评10%、教师评价80%）					

6.4　信息页

6.4.1　气动系统

气动系统图如图6-1所示。

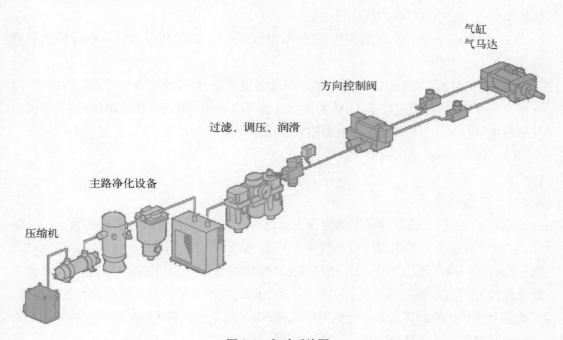

图6-1　气动系统图

气动系统回路示意图如图6-2所示。

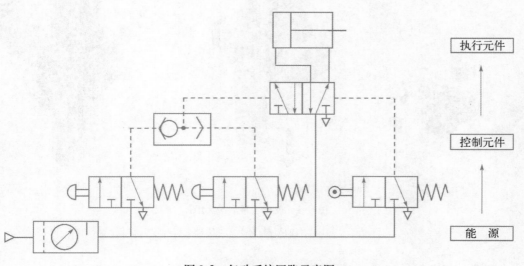

图6-2　气动系统回路示意图

气压传动系统主要由以下几个部分组成：

（1）能源装置。即把机械能转换成流体的压力能的装置，主要把空气压缩到原有体积的1/7左右形成压缩空气。一般常见的是空气压缩机。

（2）执行装置。即把流体的压力能转换成机械能的装置，主要利用压缩空气实现不同的动作。一般指气压缸和气压马达。

（3）控制调节装置。即对气压系统中流体的压力、流量和流动方向进行控制和调节的装置。

（4）辅助装置。指除以上三种装置以外的其他装置，如各种管接头、气管、蓄能器、过滤器、压力计等。它们起着连接、储气、过滤、储存压力能和测量气压等辅助作用，对保证气压系统可靠、稳定、持久地工作有着重大作用。

（5）工作介质。即压缩空气。

6.4.2 三联件

油雾器、空气过滤器和调压阀组合在一起构成气源调节装置，通常被称为气动三联件，它是气动系统中常用的气源处理装置（图6-3）。联合使用时，其顺序应为空气过滤器—调压阀—油雾器，不能颠倒。这是因为调压阀内部有阻尼小孔和喷嘴，这些小孔容易被杂质堵塞而造成调压阀失灵，所以进入调压阀的气体先要通过空气过滤器进行过滤。而油雾器中产生的油雾为避免受到阻碍或被过滤，应安装在调压阀的后面。在采用无油润滑的回路中则不需要油雾器。

（a）

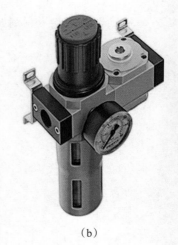
（b）

图6-3 气动三联件实物图

（a）有油雾器；（b）无油雾器

三联件气动符号如图6-4所示。

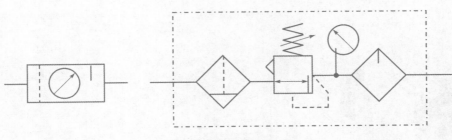

图6-4　三联件气动符号

1）油雾器

以压缩空气为动力源的气动元件不能采用普通的方法进行注油润滑，只能通过将油雾混入气流，来对部件进行润滑。油雾器是气动系统中一种专用的注油装置（图6-5）。它以压缩空气为动力，将特定的润滑油喷射成雾状混合于压缩空气中，并随压缩空气进入需要润滑的部位，达到润滑的目的。

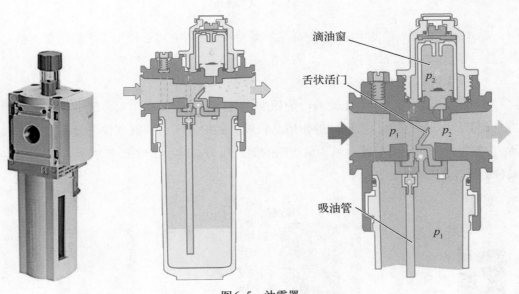

滴油窗

舌状活门

吸油管

图6-5　油雾器

原理：压缩空气流动时，在舌状活门的上方因为流速大，压力降低，而此时油杯中的压力和进口压力相同，从而通过内部通道将杯中的油压至滴油窗滴下，被高速流动的压缩空气吹成雾状。

2）空气过滤器

空气过滤器主要用于除去压缩空气中的固态杂质、水滴、油污等污染物，是保证气动设备正常运行的重要元件（图6-6）。按过滤器的排水方式，可将其分为手动排水式和自动排水式。

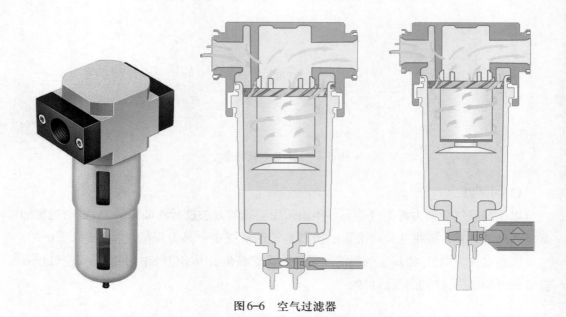

图6-6　空气过滤器

原理：空气进入过滤器时，顺着导流片螺旋前进，依靠离心作用将水滴甩至杯壁后沉降，然后穿过滤芯，去除粉尘。

3）调压阀（减压阀）

在气动传动系统中，空压站输出的压缩空气压力一般都高于每台气动装置所需的压力，而且压力波动较大。调压阀的作用是将较高的输入压力调整到符合设备使用要求的压力，并保持输出压力稳定。由于调压阀的输出压力必然小于输入压力，所以调压阀也常被称为减压阀（图6-7）。

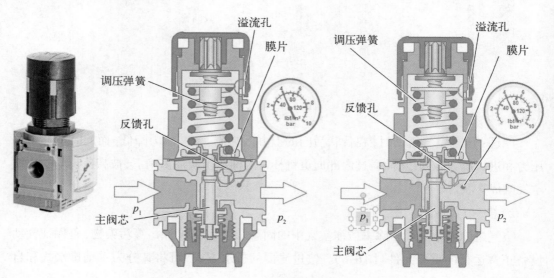

图6-7　调压阀

设定减压阀时,应该沿着压力升高的方向进行。

如果减压阀安装在电磁阀之后,则由于压力急剧变化,减压阀和压力表的寿命都相对缩短,请注意。

储气罐设置在减压阀进口,可以减少进口压力波动;设置在出口,可以改善出口压力波动。各有优缺点。

减压阀溢流孔经常排气,说明出口压力波动大;如果压力波动太大,则需要选用溢流量大的减压阀。

6.4.3　气管接头

气管接头如图6-8所示。

(1)卸管压片。实现了气管的快速拔插功能。

(2)气管卡片。将气管牢固卡紧,机械振动和压力波动被安全地吸收。压下端头,即可拔出气管。

(3)唇形密封圈。起到密封作用。

(4)螺纹。分为G螺纹和R螺纹:G螺纹等同于公制螺纹;其螺纹短,使用密封圈密封。R螺纹为锥形螺纹;其螺纹上敷聚四氟乙烯涂层,有自密封性;不需密封圈,螺纹拧入三分之二即可。

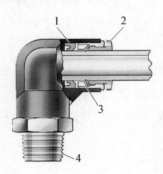

图6-8　气管接头

1—唇形密封圈;2—卸管压片;3—气管卡片;4—螺纹

6.4.4　气缸

1)单作用气缸

单作用气缸只在活塞一侧可以通入压缩空气使其伸出或缩回,另一侧是通过呼吸孔开放在大气中的。

这种气缸只能在一个方向上做功。活塞的反向动作则靠一个复位弹簧或施加外力来实现。

由于压缩空气只能在一个方向上控制气缸活塞的运动,所以该气缸称为单作用气缸。

如图6-9所示为单作用气缸的实物及结构图。

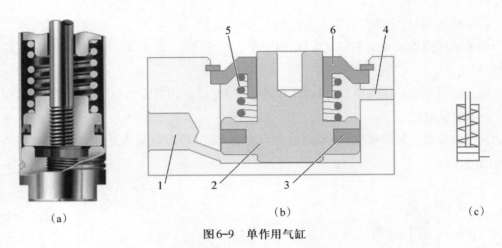

图6-9　单作用气缸

（a）实物图；（b）结构图；（c）图形符号

1—进、排气口；2—活塞；3—活塞密封圈；4—呼吸口；5—复位弹簧；6—活塞杆

单作用气缸的特点：

（1）由于单边进气，因此结构简单，耗气量小。

（2）缸内安装了弹簧，增加了气缸长度，缩短了气缸的有效行程，其行程受弹簧长度限制。

（3）借助弹簧力复位，使压缩空气的能量有一部分用来克服弹簧张力，减小了活塞杆的输出力。而且输出力的大小和活塞杆的运动速度在整个行程中随弹簧变形而变化。

2）双作用气缸

双作用气缸活塞的往返运动是依靠压缩空气在缸内被活塞分隔开的两个腔室（有杆腔、无杆腔）交替进入和排出来实现的，压缩空气可以在两个方向上做功。

由于气缸活塞的往返运动全部靠压缩空气来完成，所以该种气缸称为双作用气缸。

如图6-10所示为双作用气缸的结构图。

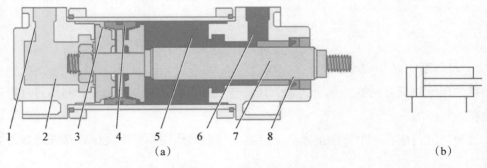

图6-10　双作用气缸结构

（a）结构图；（b）图形符号

1,6—进、排气口；2—无杆腔；3—活塞；4—密封圈；5—有杆腔；7—导向环；8—活塞杆

6.4.5 换向阀

在气动基本回路中,最基本的任务是实现气动执行元件运动方向的控制,用于通断气路或改变气流方向,从而控制气动执行元件启动、停止和换向的元件称为方向控制阀。它是气动系统中应用最多的一种控制元件。

要设计某一气动系统方向控制回路,使相应的气动执行元件完成相应的运动,就需要使用方向控制阀对机构实行方向控制。方向控制元件在气动回路中的位置如图6-11所示。

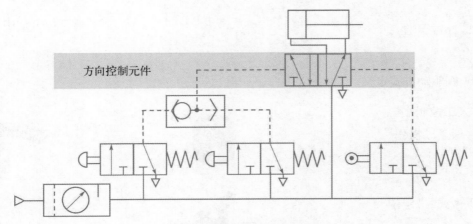

图6-11 方向控制元件在气动回路中的位置

6.4.5.1 方向控制阀基础原理

方向控制阀的图形符号定义如图6-12所示。

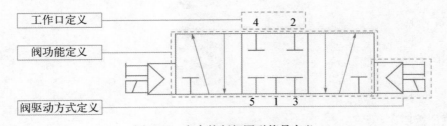

图6-12 方向控制阀图形符号定义

1) 工作口定义

【ISO标准】

1—进气口

4,2—工作口

5,3—排气口

14,12—气控口

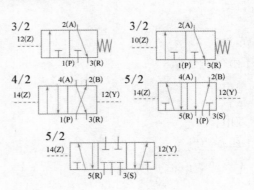

2）阀功能定义

二位两通  三位五通中压

二位三通 三位五通中封

二位五通 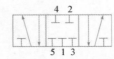 三位五通中泄

3）阀驱动方式定义

【人工控制】

一般手动操作

按钮式

手柄式,带定位

踏板式

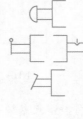

【机械控制】

弹簧复位

弹簧对中

滚轮式

单向滚轮式

【气压控制】

直动式

先导式

【电气控制】

单电控

双电控

【组合控制】

先导式双电控,带手动

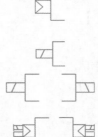

6.4.5.2 换向阀种类

换向阀按操控方式分主要有人力操纵控制、机械操纵控制、气压操纵控制和电磁操纵控制四类。

1）人力操纵换向阀

依靠人力对阀芯位置进行切换的换向阀称为人力操纵控制换向阀，简称人控阀。

人控阀又可分为手动阀和脚踏阀两大类。常用的按钮式换向阀的工作原理如图6-13所示。

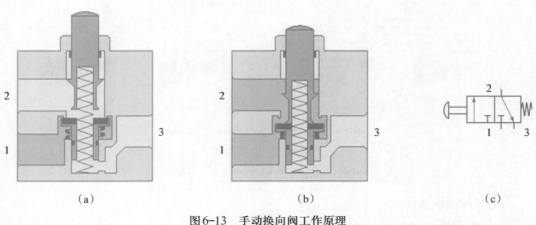

（a）　　　　　　　　　（b）　　　　　　　　（c）

图6-13　手动换向阀工作原理

（a）换向前；（b）换向后；（c）图形符号

人控阀与其他控制方式相比，使用频率较低，动作速度较慢。因操纵力不宜太大，所以阀的通径较小，操作也比较灵活。在直接控制回路中，人控阀用来直接操纵气动执行元件，用作信号阀。人控阀常用操控机构如图6-14所示。

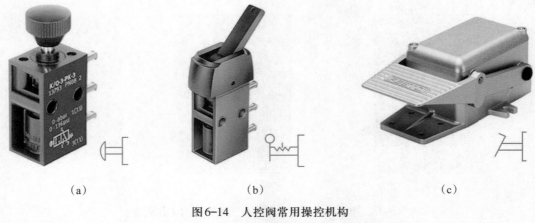

（a）　　　　　　　　　（b）　　　　　　　　（c）

图6-14　人控阀常用操控机构

（a）按钮式；（b）定位开关式；（c）脚踏式

模块二　气动系统安装与调试

2）机械操纵换向阀

机械操纵换向阀是利用安装在工作台上的凸轮、撞块或其他机械外力来推动阀芯动作实现换向的换向阀。

由于它主要用来控制和检测机械运动部件的行程，所以一般也称为行程阀。

行程阀常见的操控方式有顶杆式、滚轮式、单向滚轮式（图6-15）等，其换向原理与手动换向阀类似。

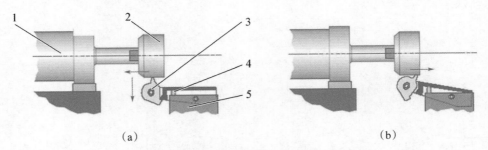

（a）   （b）

图6-15　单向滚轮式行程阀工作原理

（a）正向通过；（b）反向通过

1—气缸；2—凸块；3—滚轮；4—阀杆；5—行程阀阀体

3）气压操纵换向阀

气压控制换向阀是利用气压力来实现换向的，简称气控阀。

气控阀根据控制方式的不同可分为加压控制、卸压控制和差压控制三种：加压控制是指控制信号的压力上升到阀芯动作压力时，主阀换向，是最常用的气控阀；卸压控制是指所加的气压控制信号减小到某一压力值时阀芯动作，主阀换向；差压控制是利用换向阀两端气压有效作用面积的不等，使阀芯两侧产生压力差来使阀芯动作实现换向的。

如图6-16所示为单端气控弹簧复位二位三通换向阀工作原理图。

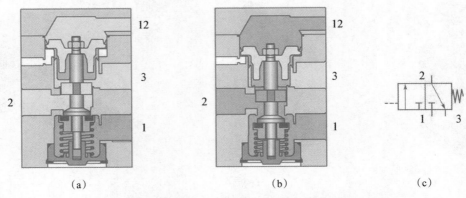

（a）   （b）   （c）

图6-16　单端气控弹簧复位二位三通换向阀工作原理

（a）换向前；（b）换向后；（c）图形符号

换向前,气控口12的压力小于阀芯动作压力,1口截止,2口和3口导通;换向后,气控口12的压力大于阀芯动作压力,主阀换向,1口和2口导通,3口截止。

如图6-17所示为双端气控弹簧二位五通换向阀工作原理图。

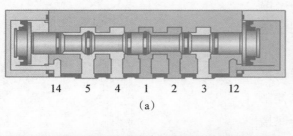

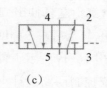

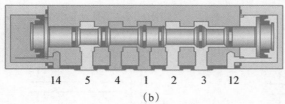

图6-17　双端气控弹簧二位五通换向阀工作原理

(a) 阀芯在左位;(b) 阀芯在右位;(c) 图形符号

当气控口12压力上升到阀芯动作压力时,主阀换向,阀芯处于左位,1口和2口导通,4口和5口导通,3口截止;当气控口14压力上升到阀芯动作压力时,主阀换向,阀芯处于右位,2口和3口导通,1口和4口导通,5口截止。

根据上述知识,应掌握的各种方向控制阀的图形符号如图6-18所示。

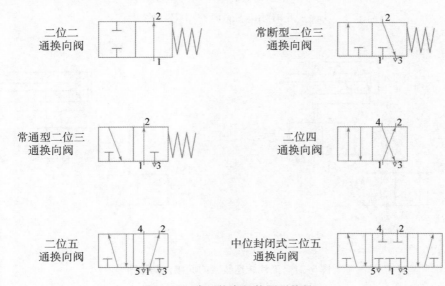

图6-18　常用换向阀的图形符号

6.4.6 方向控制回路的应用

利用一个单作用气缸将某方向传送装置送来的木料推送到与其垂直的传送装置上进一步加工。通过一个按钮使气缸活塞杆伸出，将木块推出；松开按钮，气缸活塞杆缩回。

如图6-19所示工件转运装置的气动系统控制回路设计可采用直接控制回路（图6-20）来完成，也可采用间接控制回路（图6-21）来完成。

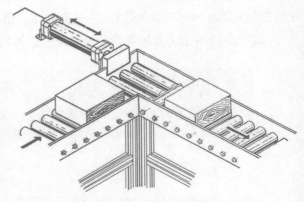

图6-19 工件转运装置

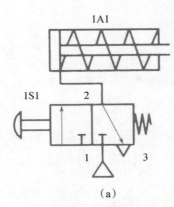

（a）

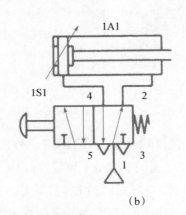

（b）

图6-20 工件转运装置的直接控制回路

（a）采用单作用气缸；（b）采用双作用气缸

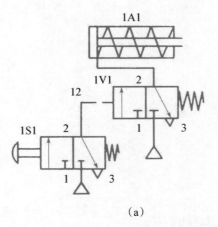

（a）

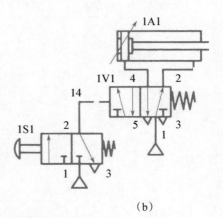

（b）

图6-21 工件转运装置的间接控制回路

（a）采用单作用气缸；（b）采用双作用气缸

项目七　气动系统压力控制回路的设计与调试

7.1　项目要求

7.1.1　知识要求

1. 了解压力控制阀的基础原理。
2. 了解压力控制回路的特点和应用。

7.1.2　素质要求

1. 遵守现场操作的职业规范,具备安全、整洁、规范实施工作任务的能力。
2. 具有良好的职业道德、职业责任感和不断学习的精神。
3. 具有不断开拓创新的意识。
4. 以积极的态度对待训练任务,具有团队交流和协作能力。

7.1.3　能力要求

1. 具有正确选用压力控制阀的能力。
2. 具备根据任务要求,设计和调试简单压力控制回路的能力。

7.2 工作页

 我们已经学习了压力控制阀的基本原理及压力控制回路的类型和应用,请您结合所学完成以下任务。

 根据阀的名称,画出对应的气动符号。

减压阀,非溢流式 _____

减压阀,溢流式 _____

顺序阀,外控式 _____

顺序阀,内控式 _____

溢流阀 _____

增压器 _____

组合顺序阀 _____

 了解溢流减压阀的结构和功能。

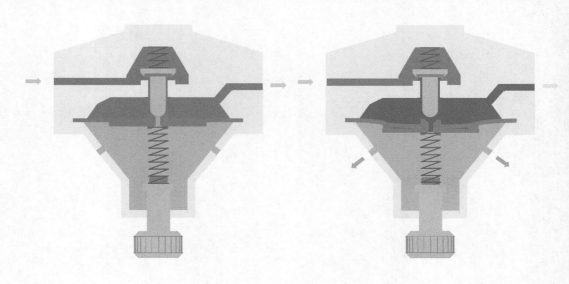

描述溢流减压阀的操作。

_____

_____

_____

 注意溢流量!

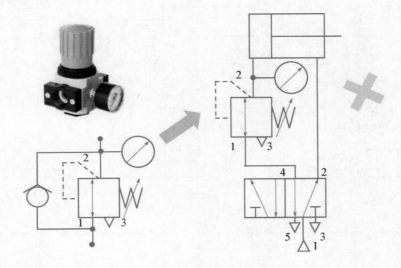

 如上图所述,请思考:当背压大时,为何要并联一个单向阀。

_____

_____

 了解顺序阀的结构和功能。

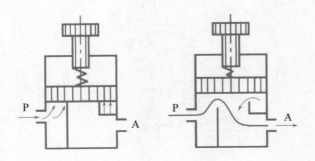

模块二　气动系统安装与调试

描述顺序阀的操作。

_____

_____

 在气动系统中，有时需要提供两种不同的压力，来驱动双作用气缸在不同方向上的运动。请描述下图采用减压阀的双压驱动回路的工作原理。

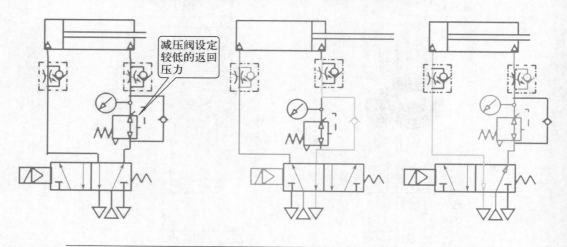

_____

_____

 在一些场合，需要根据工件重量的不同，设定低、中、高三种平衡压力。请描述下图多级压力控制回路的工作原理。

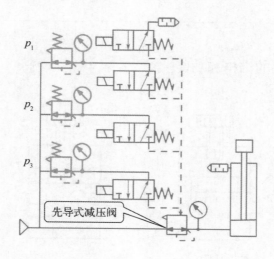

_____

_____

_____

📖 我们已经掌握了压力控制回路的应用,请您根据任务要求,完成碎料压实机装置压力控制回路的设计和调试。

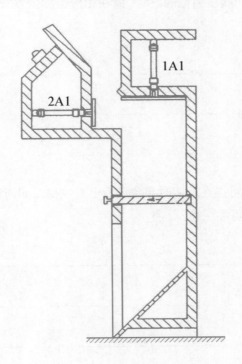

【任务描述】

碎料在碎料压实机中经过压实后运出。原料由送料口送入压实机中,气缸2A1将其推入压实区。气缸1A1用于对碎料进行压实。其活塞在一个手动按钮控制下伸出,对碎料进行压实。

当气缸无杆腔压力达到5 bar时,则表明一个压实过程结束,气缸活塞自动缩回。这时可以打开压实区的底板,将压实后的碎料从压实机底部取出。

【任务要求】

根据上述要求,设计气缸1A1的控制回路。

思考。

在这个项目中,气缸1A1活塞的返回控制应采用什么阀来实现?

_____

_____

_____

为方便压力检测和阀压力值的设定,应在相应检测位置安装压力表,该表应装在哪个位置?

_____

_____

_____

如不进行节流,则可能在压实时导致压力上升过快。如何通过进气节流来降低压力上升速度,使阀可靠工作?

_____

_____

_____

根据任务要求,选择搭建气动回路所需要的组件,写下确切的名字。

执行元件 _____

动力元件 _____

控制元件 _____

辅助元件 _____

✏️ 画出您的解决方案（气动控制回路图）。

⟷ 展示您的解决方案，并与教师交流。

☐ 在实验台上搭建气动控制回路，并完成测试。

模块二　气动系统安装与调试

记录您在搭建和调试控制回路中出现的问题。请您说明问题产生的原因和排除方法。

问题1 _____

原因 _____

_____

排除方法 _____

_____

问题2 _____

原因 _____

_____

排除方法 _____

_____

教师签名

最后请您将自己的解决方案与其他学生的相比较,讨论出最佳的解决方案。

7.3 评价表

气动系统安装与调试过程考核评价表

班　　级		项目任务	气动系统压力控制回路的设计与调试		
姓　　名		教　　师			
学　　期		评分日期			
评分内容（满分100分）			学生自评	同学互评	教师评价
专业技能 （60分）	工作页完成进度（30）				
	对理论知识的掌握程度（10）				
	理论知识的应用能力（10）				
	改进能力（10）				
综合素养 （40分）	遵守现场操作的职业规范（10）				
	信息获取的途径（10）				
	按时完成学习及工作任务（10）				
	团队合作精神（10）				
总　　分					
综合得分 （学生自评10%、同学互评10%、教师评价80%）					

模块二 气动系统安装与调试

7.4 信息页

7.4.1 压力控制阀

7.4.1.1 压力控制的定义和应用

压力控制主要指的是控制、调节气动系统中压缩空气的压力，以满足系统对压力的要求。

在气压传动系统中，控制压缩空气的压力和依靠气压力来控制执行元件动作顺序的阀统称为压力控制阀。

根据阀的控制作用不同，压力控制阀可分为减压阀、溢流阀和顺序阀。

常用压力控制阀的气动符号如下：

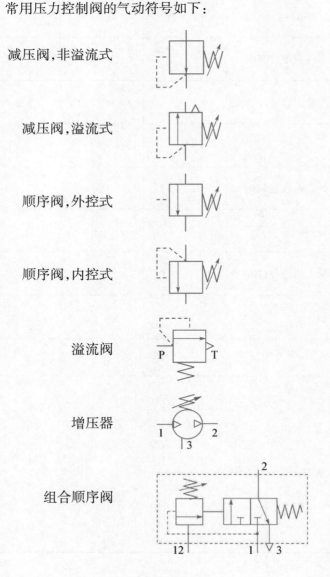

7.4.1.2 减压阀

1）减压阀作用

减压阀又称调压阀,用来调节或控制气压的变化,并保持降压后的输出压力值稳定在需要的值上,确保系统压力的稳定。

它用来调节或控制气压的变化,并保持降压后的输出压力值稳定在需要的值上,确保系统压力的稳定。

2）减压阀的分类

减压阀的种类繁多,可按压力调节方式、排气方式等进行分类。

（1）按压力调节方式分类。按压力调节方式分,有直动式减压阀和先导式减压阀两大类。

直动式减压阀是利用手柄或旋钮直接调节调压弹簧来改变减压阀输出压力。

先导式减压阀是采用压缩空气代替调压弹簧来调节输出压力的。它又可分为外部先导式和内部先导式。

（2）按排气方式分类。按排气方式可分为溢流式、非溢流式和恒量排气式三种。

溢流式减压阀的特点是减压过程中从溢流孔里排出少量多余的气体,维持输出压力不变。

非溢流式减压阀没有溢流孔,使用时回路中要安装一个放气阀,以排出输出侧的部分气体。它适用于调节有害气体压力的场合,可防止大气污染。

恒量排气式减压阀始终有微量气体从溢流阀座的小孔排出,能更准确地调整压力。一般它用于输出压力要求调节精度高的场合。

3）减压阀的结构原理

（1）直动式减压阀（图7-1）的工作原理是:顺时针方向调节旋钮1,经过调压弹簧2、3,推动膜片5下移,膜片5又推动阀杆8下移,进气阀10被打开,使出口压力p_2增大。同时,输出气压经阻尼管7在膜片5上产生向上的推力。这个作用力总是企图把进气阀关小,使出口压力降低,这样的作用称为负反馈。当作用在膜片上的反馈力与弹簧的作用力相平衡时,减压阀便有稳定的压力输出。

（2）先导式减压阀的工作原理和结构与直动式调压阀基本相同,它们的不同是:先导式调压阀的调压气体一般是由小型的直动式减压阀供给,用调压气体代替调压弹簧来调整输出压力。

先导式减压阀可分为内部先导和外部先导。

若把小型直动式减压阀装在阀的内部,来控制主阀输出压力,称为内部先导式减压阀,如图7-2所示。固定节流孔1及气室4组成喷嘴挡板环节。由于先导气压的调节部分采用了具有高灵敏度的喷嘴挡板机构,当喷嘴2与挡板3之间的距离发生微小变化时（零

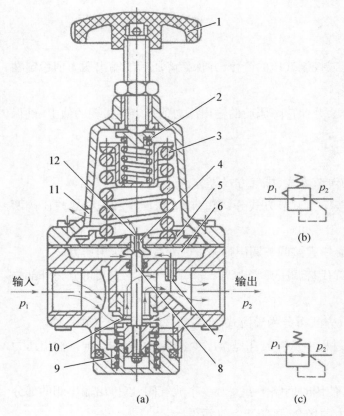

图 7-1　直动减压阀

（a）溢流阀式减压阀结构；（b）溢流阀式减压阀符号；（c）非溢流阀式减压阀符号

1—调节旋钮；2,3—调压弹簧；4—溢流阀座；5—膜片；6—膜片气室；7—阻尼管；8—阀杆；9—复位弹簧；10—进气阀；11—排气孔；12—溢流孔

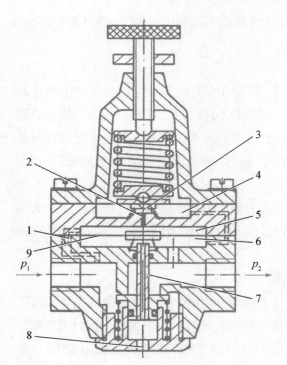

图 7-2　内部先导式减压阀

1—固定节流孔；2—喷嘴；3—挡板；4—上气室；5—中气室；6—下气室；7—阀芯；8—排气孔；9—膜片

点几毫米），就会使4室中压力发生很明显的变化，从而引起膜片9有较大的位移，并去控制阀芯7的上下移动，使主阀口开大或开小，提高了对阀芯控制的灵敏度，故有较高的调压精度。

若将小型直动式减压阀装在主阀的外部，则称为外部先导式减压阀，如图7-3所示。

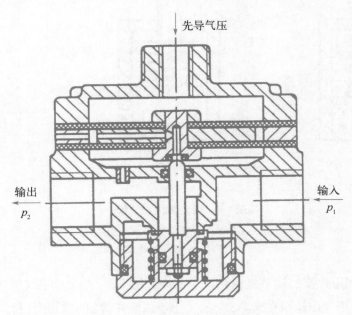

图7-3　外部先导式减压阀的主阀

外部先导式减压阀作用在膜片上的力是靠主阀外部的一小型直动溢流式减压阀供给压缩气体来控制膜片上下移动，实现调整输出压力的目的。所以，外部先导式减压阀又称远距离控制式减压阀。

4）减压阀的选择

（1）根据调压精度的不同，选择不同形式减压阀要求出口压力波动小时，如出口压力波动不大于工作压力最大值 ±0.5%，则选用精密减压阀。

（2）根据系统控制的要求，如需遥控或通径大于20 mm时应选用外部先导式减压阀。

（3）确定阀的类型后，由所需最大输出流量选择阀的通径，决定阀的气源压力时应使其大于最高输出压力0.1 MPa。

7.4.1.3　溢流阀

1）溢流阀的作用

溢流阀（安全阀）在系统中起限制最高压力，保护系统安全的作用。

当回路、储气罐的压力上升到设定值以上时，溢流阀（安全阀）把超过设定值的压缩空气排入大气,以保持输入压力不超过设定值。

2)溢流阀的工作原理(图7-4)

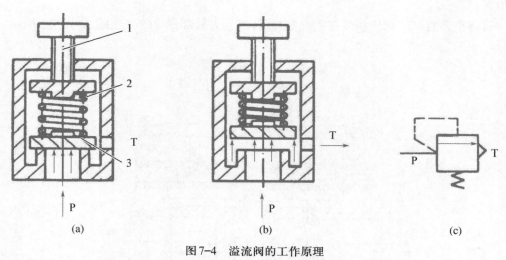

图7-4　溢流阀的工作原理

(a)关闭状态;(b)开启状态;(c)图形符号

1—调节手轮;2—调压弹簧;3—阀芯

溢流阀由调压弹簧2、调节机构1、阀芯3和壳体组成。当气动系统的气体压力在规定的范围内时,由于气压作用在阀芯3上的力小于调压弹簧2的预压力,所以阀门处于关闭状态。当气动系统的压力升高,作用在阀芯3上的力超过了弹簧2的预压力时,阀芯3就克服弹簧力向上移动并开启,压缩空气由排气孔T排出,实现溢流,直到系统的压力降至规定压力以下时,阀重新关闭。开启压力大小靠调压弹簧的预压缩量来实现。

3)溢流阀的分类

溢流阀与减压阀相类似,按控制方式分为直动式和先导式两种。

图7-5为直动式溢流阀,其开启压力与关闭压力比较接近,即压力特性较好、动作灵敏;但最大开启量比较小,即流量特性较差。

图7-6为先导式溢流阀,它由一小型的直动式减压阀提供控制信号,以

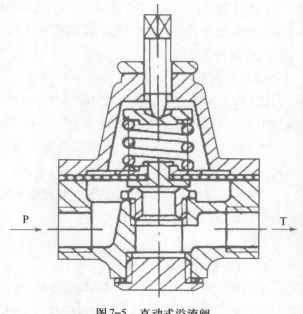

图7-5　直动式溢流阀

气压代替弹簧控制溢流阀的开启压力。先导式溢流阀一般用于管道直径大或需要远距离控制的场合。

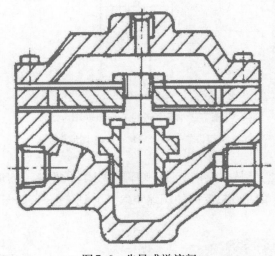

图7-6　先导式溢流阀

4）溢流阀的选型方法

（1）根据需要的溢流量选择溢流阀的通径。

（2）溢流阀的调定压力越接近阀的最高使用压力,则溢流阀的溢流特性越好。

7.4.1.4　顺序阀

1）顺序阀的作用

顺序阀是根据回路中气体压力的大小来控制各种执行机构按顺序动作的压力控制阀。

顺序阀常与单向阀组合使用,称为单向顺序阀。

2）顺序阀的工作原理

顺序阀靠调压弹簧压缩量来控制其开启压力的大小。

图7-7为顺序阀工作原理图,当压缩空气进入进气腔作用在阀芯上,若此力小于弹簧的压力时,阀为关闭状态,A无输出。而当作用在阀芯上的力大于弹簧的压力时,阀芯被顶起,阀为开启状态,压缩空气由P流入从A口流出,然后输出到气缸或气控换向阀。

3）单向顺序阀工作原理

单向顺序阀是由顺序阀与单向阀并联组合而成的。它依靠气路中压力的作用来控制执行元件的顺序动作。

其工作原理如图7-8所示,当压缩空气进入腔4后,作用在阀芯3上的力大于弹簧2的力时,将阀芯3顶起,压缩空气从P口经腔4、腔6到A口,然后输出到气缸或气控换向阀。

模块二　气动系统安装与调试

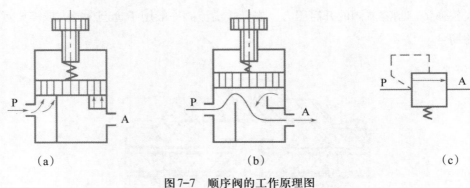

图7-7　顺序阀的工作原理图

（a）关闭状态；（b）开启状态；（c）图形符号

当切换气源，压缩空气从A流向P时，顺序阀关闭，此时腔6内的压力高于腔4内压力，在压差作用下，打开单向阀5，反向的压缩空气从A到T排出，如图7-8c所示。

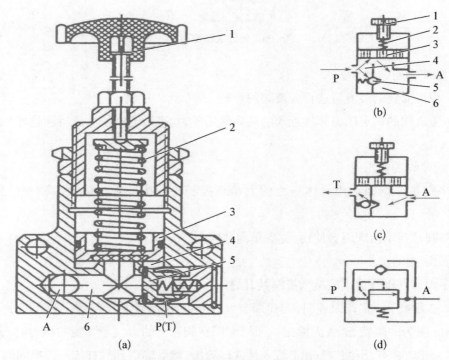

图7-8　单向顺序阀工作原理图

（a）结构图；（b）开启状态；（c）关闭状态；（d）图形符号
1—调节手轮；2—弹簧；3—阀芯；4,6—工作腔；5—单向阀

7.4.2　压力控制回路的应用

压力控制回路是对系统压力进行调节和控制的回路。

在气动控制系统中,进行压力控制主要有两种:

第一是控制一次压力,提高气动系统工作的安全性。

第二是控制二次压力,给气动装置提供稳定的工作压力,这样才能充分发挥元件的功能和性能。

1)一次压力控制回路(图7-9)

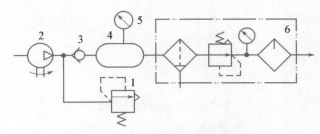

图7-9　一次压力控制回路

1—溢流阀;2—空气压缩机;3—单向阀;4—蓄能器;5—压力计;6—油雾器

此回路主要用于把空气压缩机的输出压力控制在一定压力范围内。因为若系统中压力过高,则除了会增加压缩空气输送过程中的压力损失和泄漏以外,还会使管道或元件破裂而发生危险。

因此,压力应始终控制在系统的额定值以下。

2)二次压力控制回路(图7-10)

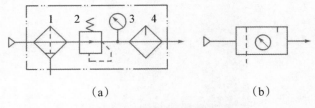

（a）　　　　　　　　　（b）

图7-10　二次压力控制回路

（a）详图;（b）简图

1—空气过滤器;2—减压阀;3—压力表;4—油雾器

此回路的主要作用是对气动装置的气源入口处压力进行调节,提供稳定的工作压力。

该回路一般由空气过滤器、减压阀和油雾器组成,通常称为气动调节装置(气动三联件)。

其中,过滤器除去压缩空气中的灰尘、水分等杂质;减压阀调节压力并使其稳定;油雾器使清洁的润滑油雾化后注入空气流中,对需要润滑的气动部件进行润滑。

3)高低压转换回路(图7-11)

此回路主要用以满足某些气动设备时而需要高压,时而需要低压的需要。

该回路用两个减压阀1和2调出两种不同的压力 p_1 和 p_2，再利用二位三通换向阀3实现高低压转换。

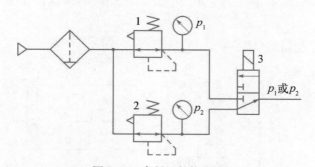

图7-11　高低压转换回路

1,2—溢流减压阀；3—二位三通换向阀

项目八　气动系统流量控制回路的设计与调试

8.1　项目要求

8.1.1　知识要求

1. 了解流量控制阀的基础原理。
2. 了解流量控制回路的特点和应用。

8.1.2　素质要求

1. 遵守现场操作的职业规范,具备安全、整洁、规范实施工作任务的能力。
2. 具有良好的职业道德、职业责任感和不断学习的精神。
3. 具有不断开拓创新的意识。
4. 以积极的态度对待训练任务,具有团队交流和协作能力。

8.1.3　能力要求

1. 具有正确选用流量控制阀的能力。
2. 具备根据任务要求,设计和调试简单流量控制回路的能力。

8.2　工作页

 我们已经学习了流量控制阀的基本原理及流量控制回路的类型和应用，请您结合所学完成以下任务。

🖉 根据阀的名称，画出对应的气动符号。

单向阀　　　_____

节流阀　　　_____

单向节流阀　_____

先导单向阀　_____

快速排气阀　_____

延时阀　　　_____

梭阀　　　　_____

 了解关于单向阀和单向节流阀的结构和功能。

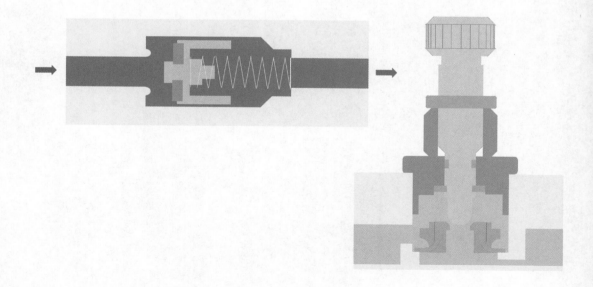

描述单向阀和单向节流阀的差异。

_____

_____

_____

_____

📖 了解快速排气阀的结构和功能。

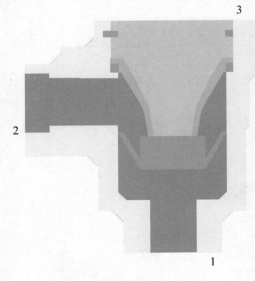 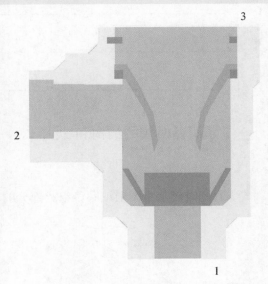

 描述快速排气阀的操作。

_____

_____

_____

_____

📖 了解梭阀的结构和功能。

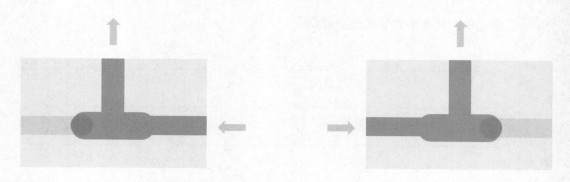

✏️ 描述梭阀的操作。

_____

_____

_____

📖 了解延时阀的结构和功能。

✏️ 在延时阀示意图上填写各组成部分的名称。

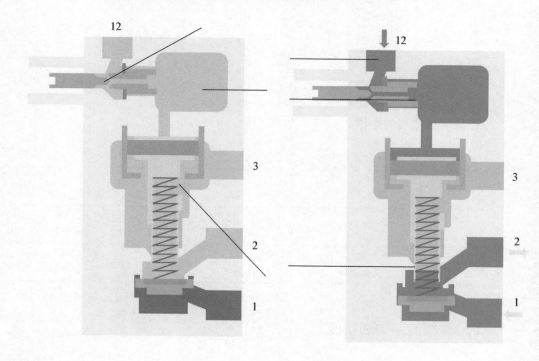

描述延时阀的操作。

_____

_____

_____

📖 了解流量控制回路的结构和特点。

 根据出口节流和入口节流的特性，将下表补充完整。

特　　性	入　口　节　流	出　口　节　流
低速平稳性		
阀的开度与速度		
惯性的影响		
启动延时		
启动加速度		
行程终点速度		
缓冲能力		

📖 了解双速驱动回路的结构和特点。

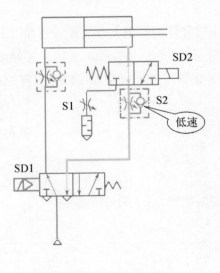

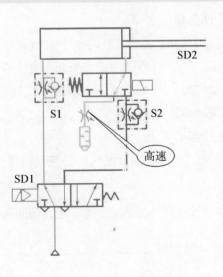

描述双速驱动回路的工作原理。

_____

_____

_____

我们已经掌握了流量控制回路的应用,请您根据任务要求,完成零件抬升装置流量控制回路的设计和调试。

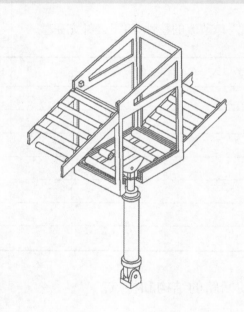

【任务描述】

如图所示,一个气缸将从下方传送装置送来的零件抬升到上方的传送装置用于进一步加工。气缸活塞杆的伸出要求利用一个按钮来控制;活塞的缩回则要求在其伸出到位后自动实现。为避免活塞运动速度过高产生的冲击对零件和设备造成机械损害,要求气缸活塞运动速度应可以调节。

【任务要求】

根据上述要求,设计气缸的控制回路。

根据任务要求,选择搭建气动回路所需要的组件,写下确切的名字。

执行元件 _____

动力元件 _____

控制元件 _____

辅助元件 _____

✏️ 画出您的解决方案（气动控制回路图）。

⟷ 展示您的解决方案，并与教师交流。

☐ 在实验台上搭建气动控制回路，并完成测试。

☐ 记录您在搭建和调试控制回路中出现的问题。请您说明问题产生的原因和排除方法。

问题1 _____

原因 _____

_____

排除方法 _____

_____

问题2 _____

原因 _____

_____

排除方法 _____

_____

教师签名

最后请您将自己的解决方案与其他学生的相比较,讨论出最佳的解决方案。

8.3 评价表

气动系统安装与调试过程考核评价表

班　级		项目任务	气动系统流量控制回路的设计与调试		
姓　名		教　师			
学　期		评分日期			
评分内容（满分100分）			学生自评	同学互评	教师评价
专业技能 （60分）	工作页完成进度（30）				
	对理论知识的掌握程度（10）				
	理论知识的应用能力（10）				
	改进能力（10）				
综合素养 （40分）	遵守现场操作的职业规范（10）				
	信息获取的途径（10）				
	按时完成学习及工作任务（10）				
	团队合作精神（10）				
总　　分					
综合得分 （学生自评10%、同学互评10%、教师评价80%）					

8.4　信息页

8.4.1　流量控制阀

流量控制阀是通过改变阀的流通面积来实现流量控制的元件。

流量控制阀包括节流阀、单向节流阀和排气节流阀等。

常用流量控制阀的气动符号如下：

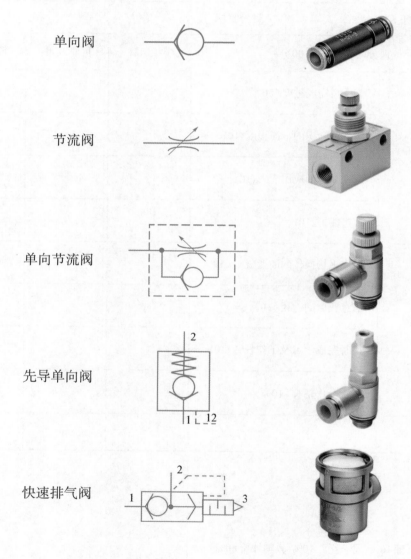

单向阀	
节流阀	
单向节流阀	
先导单向阀	
快速排气阀	

8.4.1.1　节流阀

1）节流阀的作用

节流阀是通过改变阀的流通面积来调节流量的。其用于控制气缸的运动速度。

2）节流阀的工作原理

在节流阀中，针形阀芯用得比较普遍，如图8-1所示。

压缩空气由P口进入，经过节流口，由A口流出。旋转阀芯螺杆，就可改变节流口开度，从而调节压缩空气的流量。此种节流阀结构简单，体积小，应用范围较广。

3）单向节流阀

（1）单向节流阀的作用。单向节流阀是由单向阀和节流阀组合而成的流量控制阀，常用于气缸的速度控制，又称速度控制阀。

（2）单向节流阀的工作原理。如图8-2所示为单向节流阀的工作原理图。

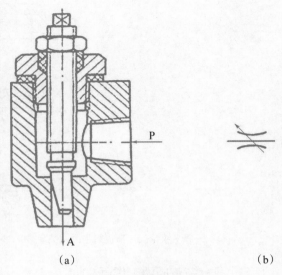

图8-1　节流阀的结构

（a）结构图；（b）图形符号

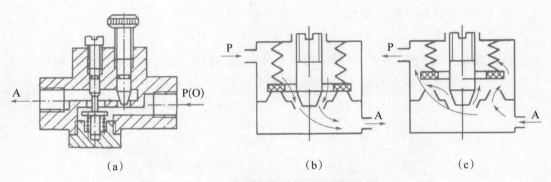

图8-2　单向节流阀的工作原理图

（a）原理图；（b）使用节流阀；（c）不使用节流阀

当气流沿着一个方向，由P向A流动时，经过节流阀节流（图8-2b）；反方向流动时，由A向P单向阀打开，不节流（图8-2c）。

单向节流阀常用于气缸的调速和延时回路中，使用时应尽可能直接安装在气缸上。

4）排气节流阀

（1）排气节流阀的作用。

排气节流阀装在排气口，调节排入大气的流量，以改变气动执行元件的运动速度。

排气节流阀常带有消声器以减小排气噪声，并能防止环境中的粉尘通过排气口污染元件，如图8-3所示为排气节流阀。

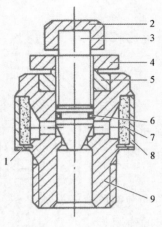

图8-3　排气节流阀

1—衬垫；2—调节手轮；3—节流阀芯；4—锁紧螺母；5—导向套；6—O形圈；7—消声套；8—盖；9—阀体

（2）排气节流阀的工作原理。

排气节流阀的工作原理和节流阀相似，靠调节节流口处的流通面积来调节排气流量，由消声套7减少排气噪声。

排气消声节流阀只能安装在元件的排气口处。

8.4.1.2　延时阀

延时阀是气动系统中的一种时间控制元件，它是通过节流阀调节气室充气时压力的上升速率来实现延时的。如图8-4所示为常断型延时阀的工作原理图。

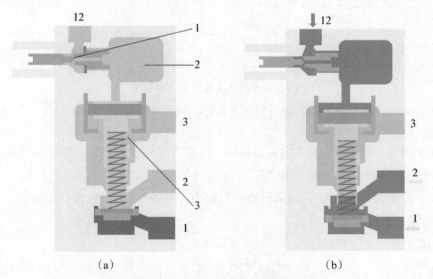

（a）　　　　　　　　　　（b）

图8-4　延时阀工作原理图

（a）换向前；（b）换向后

1—单向节流阀；2—气室；3—单侧气控二位三通换向阀；12—气口

延时阀有常通型和常断型两种，它是由单向节流阀、储气室和二位三通换向阀组合而成的。

8.4.1.3　梭阀

梭阀相当于两个单向阀的组合阀，如图8-5所示，梭阀有两个输入口1（3）和一个输出口2。

当两个输入口中任何一个有输入信号时，输出口就有输出，从而实现了逻辑"或"门的功能。当两个输入信号压力不等时，梭阀则输出压力高的一个。

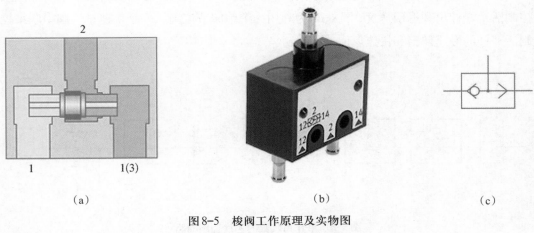

（a）　　　　　　　　　　　（b）　　　　　　　　　　　（c）

图8-5　梭阀工作原理及实物图

（a）原理图；（b）实物图；（c）图形符号

1，3—输入口；2—输出口

8.4.2　流量控制回路的应用

气压传动系统中，气缸的速度控制是指对气缸活塞从开始运动到到达其行程终点的平均速度的控制。时间控制则指的是对气缸在其终端位置停留时间的控制和调节。它们常被用来控制气缸动作的节奏，调整整个动作循环的周期。

8.4.2.1　速度控制

在很多气动设备或气动装置中，执行元件的运动速度都应是可调节的。气缸工作时，影响其活塞运动速度的因素有工作压力、缸径和气缸所连气路的最小截面积。通过选择小通径的控制阀或安装节流阀可以降低气缸活塞的运动速度。通过增加管路的流通截面或使用大通径的控制阀及采用快速排气阀等方法，都可以在一定程度上提高气缸活塞的运动速度。

其中，使用节流阀和快速排气阀都是通过调节进入气缸或气缸排出的空气流量来实现速度控制的。这也是气动回路中最常用的速度调节方式。

8.4.2.2 时间控制

气动执行元件在其终端位置停留时间的控制和调节,如采用电气控制通过时间继电器就可以非常方便地实现;如果采用气动控制则需要通过专门的延时阀来实现。

8.4.2.3 速度控制回路

采用节流阀、单向节流阀或快速排气阀等元件调节气缸进、排气管路流量,控制气缸速度的回路,称为速度控制回路。

1)单作用气缸的速度控制回路

如图8-6所示为单作用气缸的速度控制回路。其中,图8-6a为利用两个单向节流阀控制活塞杆伸出和返回速度;图8-6b为利用一个单向节流阀和一个快速排气阀串联来控制活塞杆的慢速伸出和快速返回。

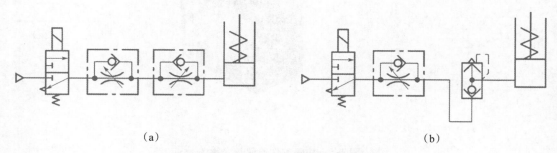

（a） （b）

图8-6 单作用气缸的速度控制回路

（a）两个单向节流阀控制；（b）一个单向节流阀和一个快速排气阀串联来控制

2）双作用气缸的进气节流调速回路

如图8-7a所示为双作用气缸的进气节流调速回路。在进气节流时,气缸排气腔压力很

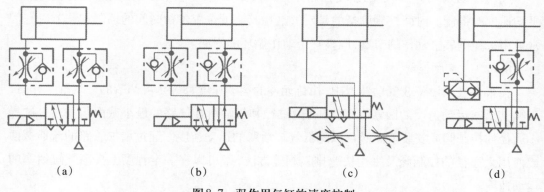

（a） （b） （c） （d）

图8-7 双作用气缸的速度控制

（a）双作用气缸的进气节流调速回路；（b）双作用气缸的排气节流调速回路；（c）双作用气缸采用排气节流阀的调速回路；（d）采用单向节流阀和快速排气阀构成的调速回路

快降至大气压,而进气腔压力的升高比排气腔压力的降低缓慢,该回路运动平稳性较差。

　　如图8-7b所示为双作用气缸的排气节流调速回路。在排气节流时,排气腔内建立与负载相适应的背压,在负载保持不变或微小变动的条件下,运动比较平稳。

　　如图8-7c所示为双作用气缸采用排气节流阀的调速回路。

　　如图8-7d所示为采用单向节流阀和快速排气阀构成的调速回路。

3）入口节流和出口节流

　　入口节流和出口节流示意图如图8-8所示,其特性见表8-1。

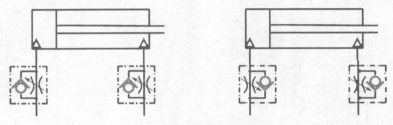

图8-8　入口节流和出口节流

表8-1　入口节流和出口节流特性

特　性	入口节流	出口节流
低速平稳性	易产生低速爬行	好
阀的开度与速度	没有比例关系	有比例关系
惯性的影响	对调速特性有影响	对调速特性影响很小
启动延时	小	与负载率成正比
启动加速度	小	大
行程终点速度	大	约等于平均速度
缓冲能力	小	大

4）高速驱动回路

　　高速驱动回路如图8-9所示。

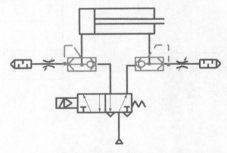

图8-9　高速驱动回路

模块二　气动系统安装与调试

利用快速排气阀,减少排气背压,实现高速驱动。

5）双速驱动回路

双速驱动回路如图8-10所示。利用高速和低速两个节流阀实现高低速切换。图中节流阀S1调节为高速,节流阀S2调节为低速。

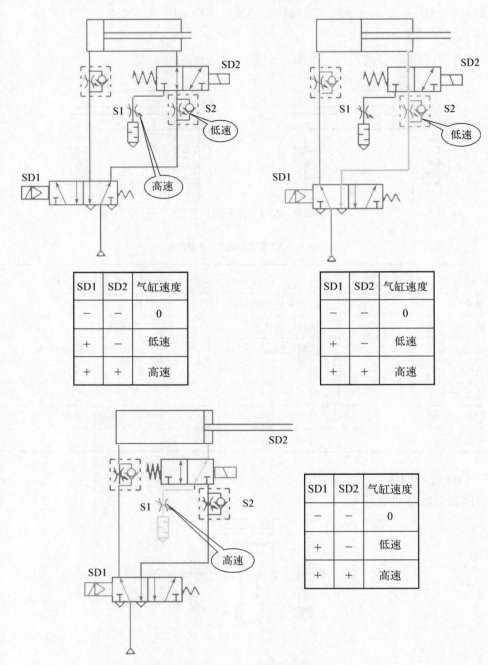

图8-10　双速驱动回路

项目九 气动系统逻辑控制回路的设计与调试

9.1 项目要求

9.1.1 知识要求

1. 了解逻辑控制阀的基础原理。

2. 了解逻辑控制回路的特点和应用。

9.1.2 素质要求

1. 遵守现场操作的职业规范,具备安全、整洁、规范实施工作任务的能力。

2. 具有良好的职业道德、职业责任感和不断学习的精神。

3. 具有不断开拓创新的意识。

4. 以积极的态度对待训练任务,具有团队交流和协作能力。

9.1.3 能力要求

1. 具有正确选用逻辑控制阀的能力。

2. 具备根据任务要求,设计和调试简单逻辑控制回路的能力。

9.2 工作页

 我们已经学习了逻辑控制阀的基本原理及逻辑控制回路的类型和应用,请您结合所学完成以下任务。

根据逻辑元件的名称,画出对应的阀职能符号。

"是" 门元件 _____

"非" 门元件 _____

"与" 门元件 _____

"或" 门元件 _____

根据逻辑控制阀的名称,画出对应的气动符号。

梭阀(或阀) _____

双压阀(与阀) _____

压力顺序阀 _____

延时顺序阀 _____

 了解关于单向阀和单向节流阀的结构和功能。

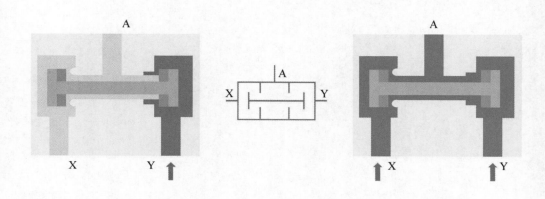

描述双压阀的操作。

_____

_____

_____

 了解压力顺序阀的结构和功能。

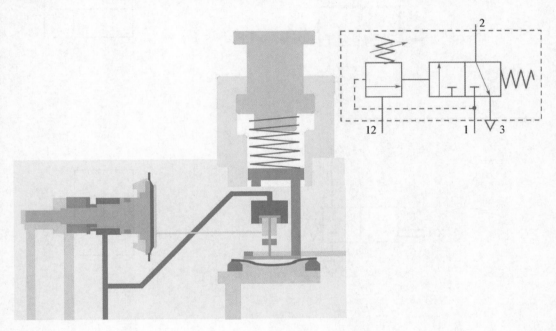

 描述压力顺序阀的操作。

_____

_____

_____

 了解逻辑控制回路的结构和特点。

根据回路的特性，将回路图右边的逻辑表补充完整。

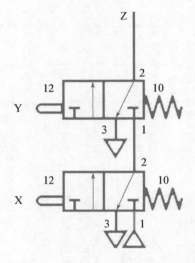

X	Y	Z

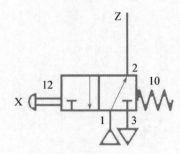 

X	Z

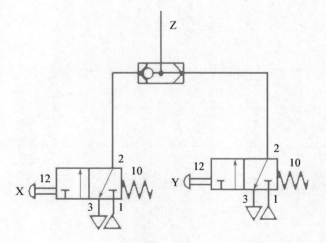

X	Y	Z

我们已经掌握了逻辑控制回路的应用,请您根据任务要求,完成板材压制成型装置逻辑控制回路的设计和调试。

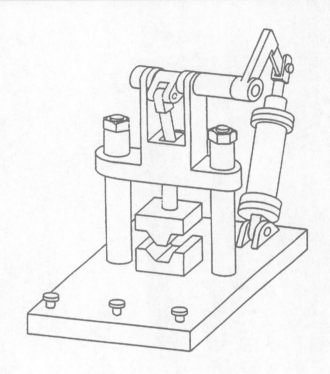

【任务描述】

利用一个气缸对塑料板材进行成型加工。气缸活塞杆在两个按钮1S1、1S2同时按下后伸出,带动曲柄连杆机构对塑料板材进行压制成型。加工完毕后,通过另一个按钮1S3让气缸活塞杆回缩。

【任务要求】

根据上述要求,设计板材压制成型装置的控制回路。

根据任务要求,选择搭建气动回路所需要的组件,写下确切的名字。

执行元件 _____

动力元件 _____

控制元件 _____

辅助元件 _____

画出您的解决方案（气动控制回路图）。

展示您的解决方案，并与教师交流。

在实验台上搭建气动控制回路，并完成测试。

■ 记录您在搭建和调试控制回路中出现的问题。请您说明问题产生的原因和排除方法。

问题1 _____

原因 _____

_____

排除方法 _____

_____

问题2 _____

原因 _____

_____

排除方法 _____

_____

教师签名

✍ 最后请您将自己的解决方案与其他学生的相比较,讨论出最佳的解决方案。

9.3 评价表

气动系统安装与调试过程考核评价表

班　级		项目任务	气动系统逻辑控制回路的设计与调试		
姓　名		教　师			
学　期		评分日期			
评分内容（满分100分）			学生自评	同学互评	教师评价
专业技能（60分）	工作页完成进度(30)				
	对理论知识的掌握程度(10)				
	理论知识的应用能力(10)				
	改进能力(10)				
综合素养（40分）	遵守现场操作的职业规范(10)				
	信息获取的途径(10)				
	按时完成学习及工作任务(10)				
	团队合作精神(10)				
总　　分					
综合得分（学生自评10%、同学互评10%、教师评价80%）					

9.4 信息页

9.4.1 逻辑控制阀

9.4.1.1 逻辑元件的种类及特点

1）定义

气动逻辑元件是指在控制回路中能实现一定的逻辑功能的元器件。它一般属于开关元件。

2）特点

逻辑元件抗污染能力强,对气源净化要求低,通常元件在完成动作后,具有关断能力,所以耗气量小。

3）组成

逻辑元件主要由两部分组成:一是开关部分,其功能是改变气体流动的通断;二是控制部分,其功能是当控制信号状态改变时,使开关部分完成一定的动作。

4）种类

气动逻辑元件的种类较多。按逻辑功能分可以把气动元件分为"是"门元件、"非"门元件、"或"门元件、"与"门元件、"禁"门元件和"双稳"元件。

常用逻辑控制阀如下:

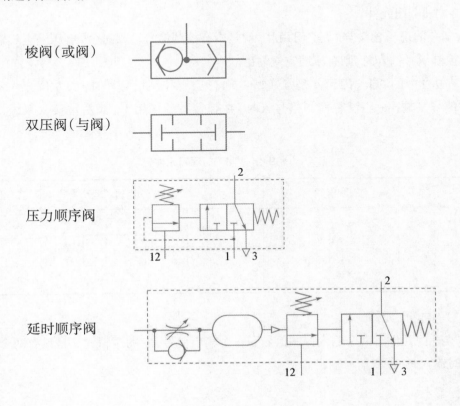

梭阀（或阀）

双压阀（与阀）

压力顺序阀

延时顺序阀

9.4.1.2 基本逻辑元件

在逻辑判断中最基本的是"是"门、"非"门、"或"门和"与"门。在气动逻辑控制的基本元件中,最基本的逻辑元件也就是与之相对应的具有这四种逻辑功能的阀。

1)"是"门元件

"是"的逻辑含义就是只要有控制信号输入,就有信号输出;反之亦然。在气动控制系统中,就是指凡是有控制信号就有压缩空气输出,没有控制信号就没有压缩空气输出。

表9-1是以常断型3/2阀来实现"是"的逻辑功能,其中,"A"表示控制信号,"Y"表示输出信号。在逻辑上用"1"和"0"表示两个对立的状态,"1"表示有信号输出,"0"表示没有信号输出。

表9-1　"是"门逻辑元件

名　　称	阀职能符号	表 达 式	逻辑符号	真 值 表	
				A	Y
"是"门元件	A—▷—Y	$Y=A$		1	1
				0	0

2)"非"门元件

"非"的逻辑含义与"是"门相反,就是当有控制信号输入时,没有压缩空气输出;当没有控制信号输入时,则有压缩空气输出。

表9-2中的"非"门元件是常通型3/2阀,当有控制信号A时,阀左位介入系统,就没有信号Y输出;当没有控制信号A时,在弹簧力的作用下,阀右位接入系统,有信号输出。

表9-2　"非"门逻辑元件

名　　称	阀职能符号	表 达 式	逻辑符号	真 值 表	
				A	Y
"非"门元件	A—▷○—Y	$Y=\overline{A}$		1	0
				0	1

3)"与"门元件

"与"门元件有两个输入控制信号和一个输出信号,它的逻辑含义是只有两个控制信号同时输入时,才有信号输出。

表9-3中,"与"的逻辑功能在气动控制中用双压阀来实现。

表9-3 "与"门逻辑元件

名　称	阀职能符号	表 达 式	逻辑符号	真　值　表		
				A	B	Y
"与"门元件	A·—Y B	$Y=A \cdot B$	A⊏⊐B Y	0	0	0
				1	0	0
				0	1	0
				1	1	1

双压阀如图9-1所示,双压阀有两个输入口1(3)和一个输出口2。只有当两个输入口都有输入信号时,输出口才有输出,从而实现了逻辑"与"门的功能。当两个输入信号压力不等时,则输出压力相对低的一个,因此它还有选择压力作用。

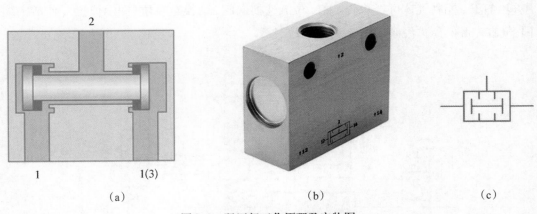

图9-1 双压阀工作原理及实物图

(a)原理图;(b)实物图;(c)图形符号

在气动控制回路中的逻辑"与"除了可以用双压阀实现外,还可以通过输入信号的串联实现。

4)"或"门元件

"或"门元件也有两个输入信号和一个输出信号。它的逻辑含义是只有两个控制信号同时输入时,才有信号输出。

表9-4中,"或"的逻辑功能在气动控制中用梭阀来实现,它当控制口A或B一端有压缩空气输入时,Y就有压缩空气输出;A或B都有压缩空气输入时,也有压缩空气输出。

表9-4　"或"门逻辑元件

名　称	阀职能符号	表达式	逻辑符号	真　值　表		
				A	B	Y
				0	0	0
"或"门元件	A B + Y	Y=A + B	Y A B	1	0	1
				0	1	1
				1	1	1

9.4.2　逻辑控制回路的应用

1）过载保护回路

如图9-2所示为过载保护回路。操纵手动换向阀1使二位五通换向阀2处于左位时，气缸活塞伸出。当气缸在伸出途中遇到障碍使气缸过载，左腔压力升高超过预定值时，顺序阀3打开，控制气体可经梭阀4将二位五通换向阀2切换至右位（图示位置），使活塞缩回，气缸左腔的压力经阀2排掉，防止系统过载。

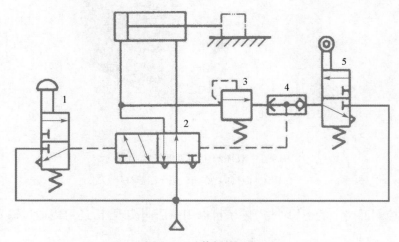

图9-2　过载保护回路

1,5—手动换向阀；2—二位五通换向阀；3—顺序阀；4—梭阀

2）双手操作回路

用两个二位三通阀2和3串联的"与"门逻辑回路，就构成了一个最常用的双手操作回路，如图9-3a所示，二位三通阀可以是手动阀或者脚踏阀。

可以看出，只有当双手同时按下二位三通阀时，主控阀3才能换位，而只按下其中一

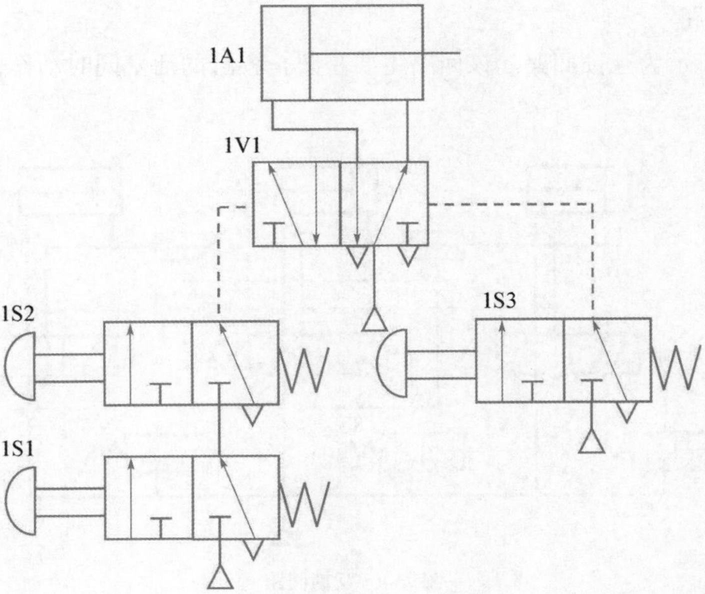

（a）

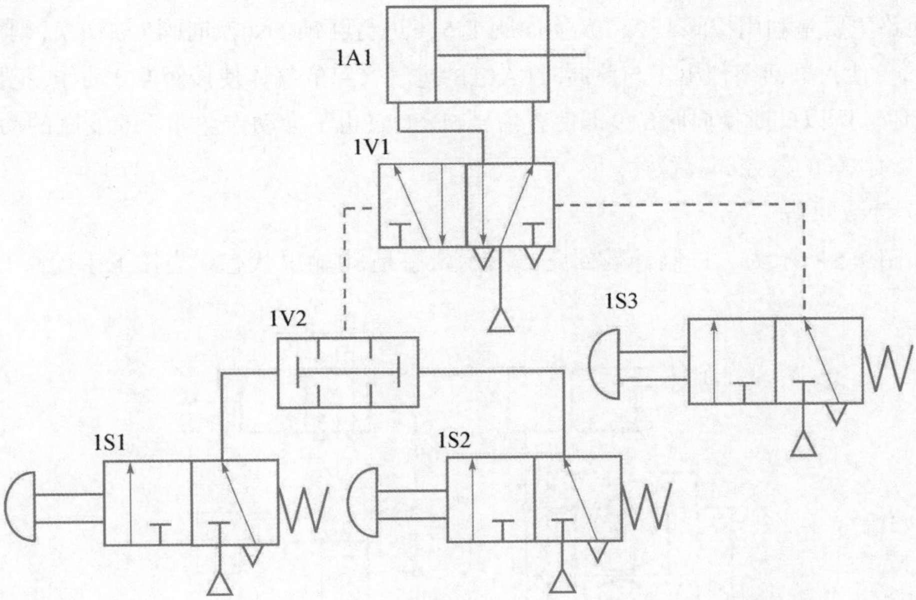

（b）

图9-3　双手操作回路

（a）二位三通阀串联；（b）采用双压阀

只三通阀时主控阀3不切换，从而保证了只有用两只手操作才是安全的。

　　也可采用双压阀实现，如图9-3b所示。

3）互锁回路

如图9-4所示为互锁回路。该回路主要是防止各缸的活塞同时动作，保证只有一个活塞动作。

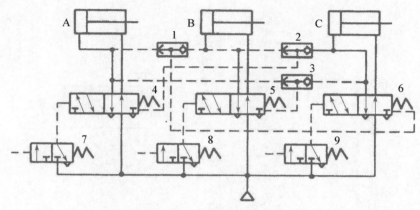

图9-4　互锁回路

1,2,3—梭阀；4,5,6,7,8,9—换向阀

回路主要是利用梭阀1、2、3及换向阀4、5、6进行互锁。如换向阀7被切换，则换向阀4也换向，使A缸活塞伸出。与此同时，A缸的进气管路的气体使梭阀1、3动作，把换向阀5、6锁住。所以此时换向阀8、9即使有信号，B、C缸也不会动作。如要改变缸的动作，必须把前动作缸的气控阀复位。

4）计数回路

如图9-5所示为二进制计数回路。图示状态是S0输出状态。当按下手动阀1后，阀

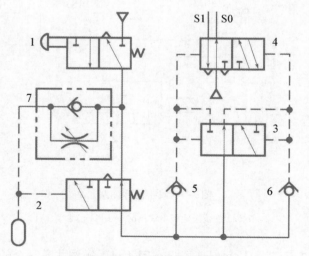

图9-5　二进制计数回路

1—手动换向阀；2—单气控阀；3—双气控阀；4—二位五通气控换向阀；5,6—单向阀；7—单向节流阀

2产生一个脉冲信号经阀3输入给阀3和阀4右侧,阀3、阀4均换向至右工位,S1有输出。脉冲信号消失,阀3、阀4两侧的压缩空气全部经阀2、阀1排出。当放开阀1时,阀2左腔压缩空气经单向阀迅速排出,阀2在弹簧作用下复位。当第二次按动阀1时,阀2又出现一次脉冲,阀3、阀4都换向至左位,S0有输出。阀1每按两次,S0(或S1)就有一次输出,故此回路为二进制计数回路。

5)延时回路

如图9-6a所示的气控延时回路中,阀4输入气控信号后换向,压缩空气经单向节流阀3向储气罐2缓慢充气,经一定时间t后,充气压力达到设定值,使阀1换向,输出压缩空气。改变阀3的节流开口度即可调整延时时间长短。

如图9-6b所示的手控延时回路中,按下阀8后,阀7换位,活塞杆伸出,行至将行程阀5压下,系统经节流阀缓慢向储气罐6充气,延迟一定时间后,达到设定压力值,阀7才能复位,使活塞杆返回。

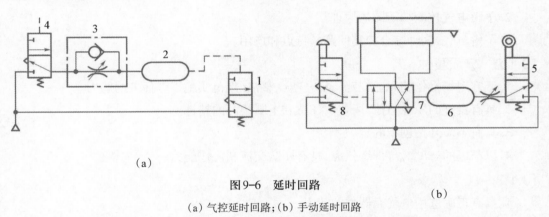

（a）

（b）

图9-6 延时回路

（a）气控延时回路；（b）手动延时回路

1—换向阀；2,6—储气罐；3—单向节流阀；4,7—气控换向阀；5—行程阀；8—手动换向阀

项目十　电气、气动综合控制回路的设计与调试

10.1　项目要求

10.1.1　知识要求

　1. 了解电气元器件的基础原理。

　2. 了解电气控制功能图的原理。

　3. 了解电气、气动综合控制回路的特点和应用。

10.1.2　素质要求

　1. 遵守现场操作的职业规范,具备安全、整洁、规范实施工作任务的能力。

　2. 具有良好的职业道德、职业责任感和不断学习的精神。

　3. 具有不断开拓创新的意识。

　4. 以积极的态度对待训练任务,具有团队交流和协作能力。

10.1.3　能力要求

　1. 具有正确选用电气元器件的能力。

　2. 具备制作电气控制功能图的能力。

　3. 具备根据任务要求,设计和调试简单电气、气动综合控制回路的能力。

10.2 工作页

 我们已经学习了电气元器件的基本原理，以及电气、气动综合控制回路的类型和应用，请您结合所学完成以下任务。

 时间继电器有哪两种？各有什么特点？

1. _____

_____

2. _____

_____

 请绘出导通延时的时间继电器的简化图示符号，该继电器带有一组常开触点和一组常闭触点。并标出触点的编号。

 请描述下面的符号表示了怎样的电气元件。

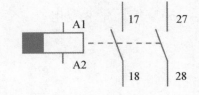

_____

_____

_____

请绘出传感器的职能符号,并描述其使用特性。

电感式传感器

电容式传感器

光电式传感器

电磁式传感器

 我们已经掌握了电气、气动综合控制回路的应用,请您根据任务要求,完成传送带装置电气、气动综合控制回路的设计和调试。

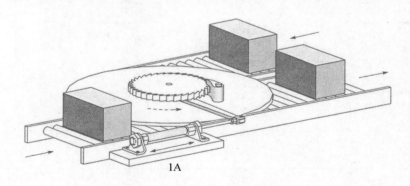

1A

【任务描述】

　　用传送带,通过装有线性计时装置的阻隔部件将工件转移到另一条传送带上。按下一个按键开关,摆动活塞推动气缸并利用安全齿轮带动转盘。工件随转盘被送到反方向传送带上。按下另一按键开关,活塞复位。

【任务要求】

　　根据上述要求,设计用电磁传感器控制双作用缸往复运动的控制回路。

　根据任务要求,选择搭建气动回路所需要的组件,写下确切的名字。

　　执行元件 _____

　　动力元件 _____

　　控制元件 _____

　　辅助元件 _____

　　画出您的解决方案(气动控制回路图)。

　　展示您的解决方案,并与教师交流。

模块二　气动系统安装与调试

画出动作流程图。

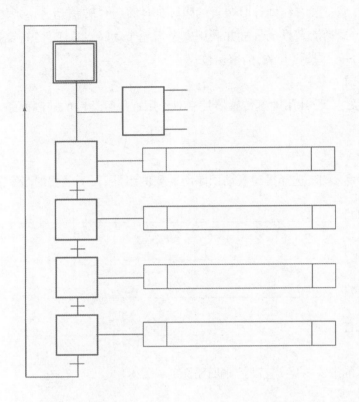

☐ 在实验台上搭建气动控制回路,并完成测试。

☐ 记录您在搭建和调试控制回路中出现的问题。请您说明问题产生的原因和排除方法。

问题1 _____

原因 _____

_____

排除方法 _____

_____

问题2 _____

原因 _____

_____

排除方法 _____

_____

教师签名

最后请您将自己的解决方案与其他学生的相比较,讨论出最佳的解决方案。

10.3　评价表

气动系统安装与调试过程考核评价表

班　级		项目任务	电气、气动综合控制回路的设计与调试		
姓　名		教　师			
学　期		评分日期			
评分内容（满分100分）			学生自评	同学互评	教师评价
专业技能（60分）	工作页完成进度（30）				
	对理论知识的掌握程度(10)				
	理论知识的应用能力(10)				
	改进能力(10)				
综合素养（40分）	遵守现场操作的职业规范（10）				
	信息获取的途径（10）				
	按时完成学习及工作任务（10）				
	团队合作精神（10）				
总　　分					
综合得分（学生自评10%、同学互评10%、教师评价80%）					

10.4　信息页

10.4.1　电气控制元件

10.4.1.1　稳压电源

稳压电源是将电网上的交流电压转换成电气控制系统所需的直流电压，一般稳压电源由三部分组成：

（1）变压器将电网提供的交流电压变换成规定的交流电压；

（2）由桥式整流电路G和电容C组成的整流器将24 V交流电压变换成24 V直流电压；

（3）滤波器将已整流的还带有脉动的直流电变成平滑的直流电。

10.4.1.2　电气信号输入元件

在电气控制线路中，按钮开关是必需的电气元件之一，通常把它们作为启动、停止等动作的信号输入元件。一般分为按钮开关式和锁定开关式，其工作原理是相似的。

1）常开式按钮开关

如图10-1所示是常开式按钮开关的结构原理图。按下操作端后，开关片将两个接线端接通，电路导通；松开操作端后，利用弹簧的作用，开关片恢复到原来的状态，电路断开。

图10-1　常开式按钮开关

2）常闭式按钮开关

如图10-2所示是常闭式按钮开关的结构原理图。按下操作端后，开关片脱离两个接线端，电路断开；松开操作端后，利用弹簧的作用，开关片恢复到原来的状态，电路导通。

3）转换型按钮开关

如图10-3所示，是带有一副常开接线端和另一副常闭接线端的转换型按钮开关。按下操作端后，常开接线端闭合，常闭接线端断开；松开操作端后，常开接线端断开，常闭接线端恢复闭合。

图10-2 常闭式按钮开关   图10-3 转换型按钮开关

4）继电器

在电气控制线路中，继电器（图10-4）是必需的电气元件之一，通常把它作为传递信号电流的元件。

一般它带有常开式触点和常闭式触点及转换（交替）触点，其工作原理是电磁铁通电吸合衔铁，通过杠杆动作达到触点之间的接触或分离。

图10-4 继电器

5）延时继电器

延时继电器是一种利用电磁原理或机械原理实现延时控制的控制电器（图10-5）。

6）压力继电器

压力继电器如图10-6所示。

图10-5 延时继电器

延时断开触点: 延时接通触点:

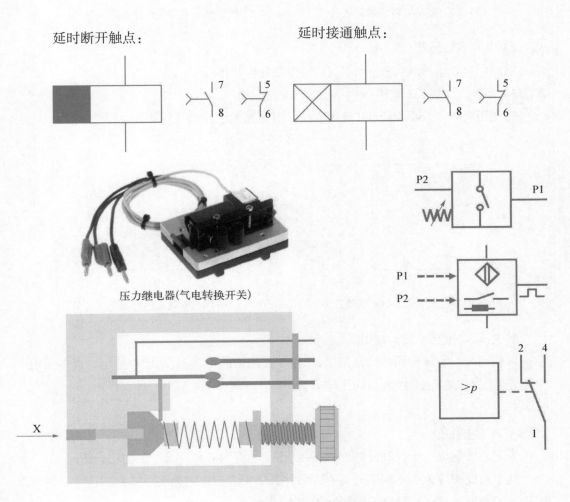

压力继电器(气电转换开关)

图10-6 压力继电器

X—压力继电器的进气口

10.4.1.3　传感器

1）电感式传感器（图10-7）

感测距离较小，一般用于测量金属物体。

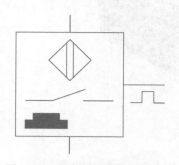

图10-7　电感式传感器职能符号

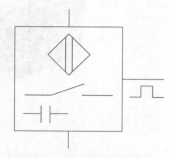

图10-8　电容式传感器职能符号

2）电容式传感器（图10-8）

感测距离较电感式大（8 mm左右）。可测任何物体。

3）光电式传感器（图10-9）

感测距离较大（50~60 cm），灵敏度高。可测除黑色外的任何物体。

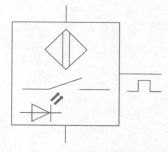

图10-9　光电式传感器职能符号

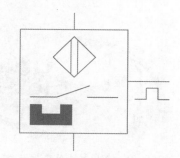

图10-10　电磁式传感器职能符号

4）电磁式传感器（图10-10）

以前因干簧管结构简单故常用之，但由于使用中故障较多，现较少使用。现多采用半导体元件，故使用可靠性较高，应用较广。

10.4.2　功能图

为了能够解决一个控制任务，必须要制作一个清晰的和一目了然的功能图。

这个功能图应该被不同职业的人理解并且还不考虑控制的实际实施。这个控制可以用气动或者电动或者一种其他的控制方式来实施。

1）功能图图形的示意图符号（表10-1）

表10-1　图形的示意图符号

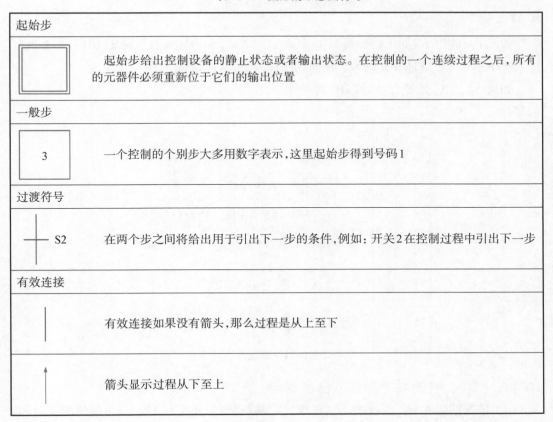

起始步	
□	起始步给出控制设备的静止状态或者输出状态。在控制的一个连续过程之后,所有的元器件必须重新位于它们的输出位置
一般步	
3	一个控制的个别步大多用数字表示,这里起始步得到号码1
过渡符号	
⊢ S2	在两个步之间将给出用于引出下一步的条件,例如:开关2在控制过程中引出下一步
有效连接	
		有效连接如果没有箭头,那么过程是从上至下
↑	箭头显示过程从下至上

2)用于指令的基本符号

通过一个控制的每个步将释放指令,如同在指令格子中精确说明的那样。

指令格子如下构成:

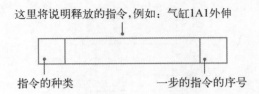

这里将说明释放的指令,例如:气缸1A1外伸

指令的种类　　　　一步的指令的序号

对此应用下面的缩写:

S　　　存储的信号

例如:不带弹簧回复的阀门

N　　　不存储的信号

例如:带有弹簧回复的阀门

D　　　延迟

例如：延时元件

【案例】

如图10-11所示，如果传感器1B1报告气缸1A1已经内缩并且按键S1动作，那么气缸1A1才外伸。一个脉冲控制的5/2-换向阀用作调节元件。

如果气缸1A1外伸，传感器1B2将动作。

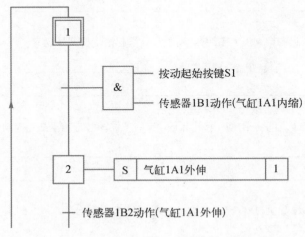

图10-11　功能图

10.4.3　电气、气动综合控制回路的应用

（1）按下按钮S1时，气缸的活塞杆推出，当碰到限位开关1S2后，气缸的活塞杆退回。为了回路的正常运行，需要运用继电器实现信号的自保持。如图10-12所示为带自保持的控制回路，"关断优先"。

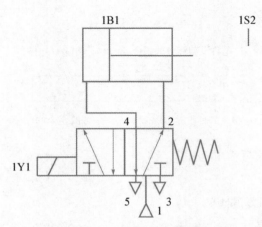

图10-12　带自动保持的控制回路

（2）气缸顺序动作电控回路和动作流程图分别如图10-13和图10-14所示。

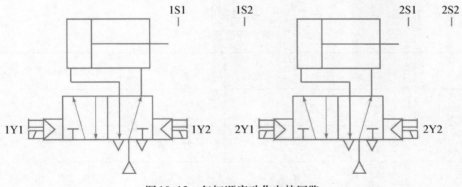

图 10-13　气缸顺序动作电控回路

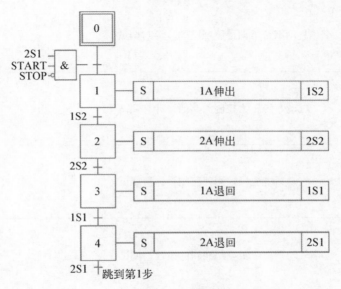

图 10-14　动作流程图

电气回路如图 10-15 所示。

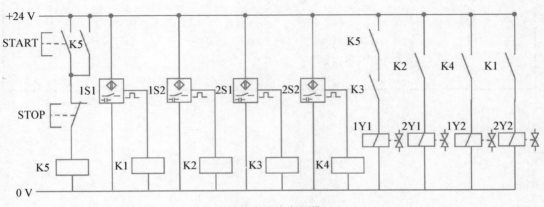

图 10-15　电气回路

项目考核

综合评价表（二）

班　　级		模块名称	气动系统安装与调试
姓　　名		教　　师	
学　　期		评分日期	
项 目 及 内 容		评 价 得 分	
项 目 六	气动系统方向控制回路的设计与调试		
项 目 七	气动系统压力控制回路的设计与调试		
项 目 八	气动系统流量控制回路的设计与调试		
项 目 九	气动系统逻辑控制回路的设计与调试		
项 目 十	电气、气动综合控制回路的设计与调试		
综合得分 （每个项目各占20%）			